美食在金坛

——唇齿间的记忆

葛安荣　黄晓春◎主编

河海大學出版社
HOHAI UNIVERSITY PRESS
·南京·

图书在版编目(CIP)数据

美食在金坛：唇齿间的记忆 / 葛安荣，黄晓春主编
. -- 南京：河海大学出版社，2021.12
ISBN 978-7-5630-7193-7

Ⅰ. ①美… Ⅱ. ①葛… ②黄… Ⅲ. ①饮食一文化一金坛 Ⅳ. ①TS971.202.534

中国版本图书馆 CIP 数据核字(2021)第 186937 号

书　　名　美食在金坛——唇齿间的记忆
MEISHI ZAI JINTAN——CHUNCHI JIAN DE JIYI
书　　号　ISBN 978-7-5630-7193-7
责任编辑　齐　岩
特约编辑　吴　君
特约校对　董　瑞
封面设计　丁　娇
出版发行　河海大学出版社
地　　址　南京市西康路 1 号(邮编:210098)
电　　话　(025)83737852(总编室)　(025)83722833(营销部)
经　　销　江苏省新华发行集团有限公司
排　　版　南京布克文化发展有限公司
印　　刷　苏州市古得堡数码印刷有限公司
开　　本　710 毫米×1000 毫米　1/16
印　　张　14.25
字　　数　285 千字
版　　次　2021 年 12 月第 1 版
印　　次　2021 年 12 月第 1 次印刷
定　　价　68.00 元

编委会

家乡菜里的乡愁(序一)

陆令寿

十年前,我接到时任金坛市文联主席葛安荣先生的约稿,让我撰一篇金坛美食文化方面的文章,说是园林酒店董事长潘小平先生特邀金坛本土和在外的金坛籍相关人士,写一写金坛的家乡菜,准备汇集成册,出一本记录金坛美食的散文集子。作为金坛在外闯荡多年的游子,故友相托,不好推辞,挑灯熬了两夜,拙成童年记忆中的《十碗头》,也是歪打正着,不日在《人民日报》"大地"副刊中登出,并被收录《人民日报》2013 年散文精选一书。此后,出书的事渐渐地淡忘。没曾想,十年后的今天,潘小平先生告知,所约稿件基本补齐,共收集了 76 篇,即将出版面世,正巧赶上园林建店 20 周年庆典。我笑着赞曰:真是十年磨一剑啊!

都说金坛是块福地。金坛人有福首先是有口福,此话不假。看完《美食在金坛——唇齿间的记忆》(以下简称《美食在金坛》),让我对家乡的美食文化更加情有独钟。金坛自古人杰地灵,人文荟萃,她不仅是美食的故乡,也是散文的故乡。《美食在金坛》提供了一个绝好的平台,金坛的名人雅士悉数登场,有不少美文超越美食,给我带来的是感动后的收获,愉悦后的赞美。

01

穿越历史,禅悟金坛美食文化的厚重

中华美食有着深远厚重的历史。著名书画家范石甫老先生在《砚边闲话美食经》一文中说:我们完全可以从饮食这一侧面,透析出中华文化的精深之处。作者朱瑜对百姓餐桌上的"春卷"刨根究底,认定古书《岁时广记》《燕京岁时记》中记载的"春饼"就是现在的"春卷",吟出了"春到人间一卷之"的美妙诗句。胡新梅笔下的"柳叶饼"追思到了北魏贾思勰《齐民要术》里记载的民风民俗:早春"取柳枝著户上,百鬼不入家",又有谚语佐证:清明不戴柳,红颜成皓首。侧耳倾听,一首清脆的童谣在广袤的田野上回响:柳叶青青,油煎饼饼,吃了眼明,头脑不晕。读罢这样的文字,读者能不心旷神怡吗?

许卫《金坛子鹅史话》中把明万历年间"赔了夫人又折兵"的故事,说得有鼻子有眼,道出了金坛子鹅悠远的佳话。常金、徐云志给我们描绘民国时期的也聚园、天香楼、荀记馆、宏来阁茶馆、菜坨子蔬菜馆等,如数家珍,一一道来,把我们带到了抗战前的金坛老城，怀旧中带有家仇国恨。如今，那情那景只能在电视剧里看到。

看完徐金亮《食在农家回味长》中描写的“南汤趴鸭”，原汁原味，热气腾腾，就忍不住要去乌龙山景区看一看朱元璋为此立下的御碑。书中还可以欣赏到历代名人对金坛餐饮的赞美：唐代诗人张籍“一斛水中半斛鱼”，“碧芦花老鳜鱼肥”，美味佳肴既入诗也入画。那些浓浓的诗意早就超出了美食的范畴。翻阅一篇篇文稿，推窗问月，乾隆下江南即席赐名“松鼠鳜鱼”的松鹤楼还在吗？

读完《美食在金坛》林林总总家乡菜的故事，心里豁然一亮：金坛菜品在“苏菜独步”的历史和现实中扮演了如此重要的角色，金坛人有理由引以为自豪。

02
迷恋故乡，终生难忘妈妈的味道

没错，人的味觉喜好与小辰光的记忆有关。许多时候，我喜欢把金坛美食称之为家乡菜。美食是大众的，而家乡菜只是小众的，充满着乡土气息，是故乡文化的一个传统标识。我们的生命不可能停止不前，而生命的境界无论拓宽到任何高度，也无论我们走遍天涯海角，都无法改变对家乡菜的眷恋。那种与生俱来妈妈的味道是渗入骨髓的，浸润着亲情、友情和乡愁，浸润着童年的种种记忆，它是对生命原始密码的解读。诚如著名的文艺评论家蔡桂林所言：在外闯荡 40 余年，“见识南北大菜，品及东西美食，问至中部珍味，然而纵使走过千里万里，纵使尝过千馐万肴，记住的总是粉在喉底的家乡至味。”《美食在金坛》收录的许多文章，笔端流淌着怀旧的情愫，宛若写给故乡妈妈的恋歌。童年的往事一桩桩、一件件深深地烙在了灵魂的深处。在老于头《闲说花生》里，可以听到穿着黑破棉袄、抬着大铁锅跟炉子的江北人在大街小巷“炒花生”的吆喝，就像闽南、台湾人高喊“酒干倘卖无”。

落笔至此，自然会想到著名作家徐锁荣《豆花西施》中那位操着金坛方言的女子在思古街头上声声呼喊：“豆腐花来，豆腐花——”。《傍茶生活的女人》里的朱姐，一个心灵手巧的农家妇女把穷日子过得有滋有味。冬天耥蛳螺（螺蛳），夏天摸蚌鲜（河蚌），成了水乡一道美丽的风景。

原金坛市文联主席沈成嵩，怀念母亲的《酱油豆》堪称一篇很有质感和个性的美文。母亲制作酱油豆很是讲究，隔夜就洗浴净身，焚香敬神，充满了宗教仪式感。黄豆下缸时，容不得别人多嘴、插手。我们领略到的是一种超然的神圣和敬畏。在母亲看来，美食是通灵的，冲撞了神灵要倒霉。埋在地窖里的酱油豆一直要等到“九九桃花开，紫燕南归来”才能开窖。这样精心酿造的“酱油豆”，食之沁人心脾，没齿不忘。

03
油烟书香,用文学触摸历史的褶皱

徐锁荣的《豆花西施》,擅长用小说的语言叙述童年的故事,读来让人爱不释卷。喝完豆花后下意识舔碗的动作,真是我们这一代人童年的真实写照。王剑飞的《雁来菌》不仅道出了“山中方一日,世上已千年”古老传说,更是禅悟出道法自然、顺于自然、回归自然的人生真谛。那在牛背上打盹的白鹭、在树上啁啾的黄鹂、搔首弄姿的野兔,引领读者走进了一个童话世界。

金坛文学大咖葛安荣的《血饭》写的是一位羸弱的少年,为了让自己和全家吃上生产队里的米饭、洋葱烧猪肉,竟充成年劳力,举起八、九斤重的钉耙,跟着大人一起凿麦田,最后伤身吐血。这是一个作家对那段艰难岁月含泪的深情回眸。读罢掩卷,痛袭心扉,唏嘘不已,让人生出隐透在故事背后的后怕,眼前蓦然跳出一行字:贫穷不是社会主义!

高兰华《梅干菜记忆》中父亲挑着两个大水桶担水洗菜的描写,栩栩如生。两只水桶都灌满了,父亲从水中一步一步走上青石板铺成的码头台阶。台阶那么高,那么陡,加上来往取水的人洒得到处是水渍,稍不留神就会滑倒。“我看见父亲咬着牙,鼓着腮帮,低着头,十个脚趾向里屈,如壁虎攀墙,紧紧巴住石板,一步一步向上爬……”这样的文字,是那样的生动逼真,极富空间感和画面感,让人想到朱自清的《背影》,被俗常掩盖的精彩和动人跃然纸上。

在那个食不果腹的年代,“吃肉那个奢望就像站在地上看星星”(张建军语)。吴欲晓的笔下,生产队的夜饭是那样的香甜。《萝卜不老的年华》,道的是一位幸福播种人的生活花絮和人生况味。周尚达老县长《饮食断想》中的机关食堂,勾画了那个年代机关干部的清贫和苦涩。生活的原色魅力彰显无遗。

04
讲讲老话,体验“留得住乡愁”的美好

对于生于斯,长于斯的金坛人来说,开口说话不经意间都会流露出母语的印痕。《美食在金坛》一书的不少作者写作中恰当地运用了本土方言,再现了社会和生活的真实,同时也赋予人们审美的感受。

方言是我们连接故乡母体的脐带,是漂泊流浪的游子叶落归根的精神寄托,是我们扎在故乡土地上的根。

蔡桂林先生在《粉在喉底的至味》中唛唛(祖母)、姆妈(母亲)、嗲嗲(父亲)的称呼,现今已过时,但我们这一代人在成长中对亲友长辈用过千遍万遍,这让说本地话的金坛人一下子变得亲切生动起来。

八月半，女婿去岳丈家探亲送礼叫“张节”，说哪一家酒席丰盛叫“盛食”，吃“十碗头”上的第一道菜叫“和菜”（杂烩），称赞菜好吃叫“鲜笃笃格”，呼小孩叫“小伢、小鬼、细怂”，管渔夫叫“捉鱼佬”、屠夫叫“杀猪佬”，肉馅包子叫“肉包馒头”、河蚌叫“蚌鲜”、荠菜叫“霞菜”、鳜鱼叫“嘴婆子”，都是金坛人特有的叫法。

许菊兰的《馄饨》，从母亲擀面皮说起，把馄饨在民俗中的寓意一一道来，如砌房造屋立山墙时有“东山馄饨，西山面”之说；嫁女时娘家会把馄饨做成“三朝担”，女儿身孕足月要用馄饨“催生”；父母66岁，吃块女家（女儿家）肉，也要送馄饨。这里的馄饨都含有顺顺当当、平平安安的祈福。这些作品所昭示的不仅仅是美食的文化内涵，也蕴含了强烈的中华传统道德感召力。

金坛老话的语言张力，口语化的精粹之句，往往比一切的比喻更有力度。淳朴的乡音里流淌的是浓得化不开的亲情和乡情。

05

品牌营销，源自情感和文化垫底

金坛乃江南富庶之地，膏腴之土孕育了鱼米之乡。物产丰富，品牌迭出。金坛封缸酒、指前标米、唐王香干、朱林水芹、罗村山芋、二呆子牛肉、茅山风鹅等品牌驰名海内外。名菜、名点、名厨数不胜数。浏览作者灿映笔下《长荡湖的“八鲜宴”》，你能想象出那些活蹦乱跳的大闸蟹、青虾、甲鱼、鳜鱼、昂公、白条、鲶鱼等长荡湖特有的湖鲜是多么馋人。程福勤的《金沙名厨于涛涛》，那个从生炉子、拉风箱、配菜学起的特级厨师于涛涛，亲手烹制的“银鱼焖蛋”、“响油鳝糊”、“清蒸鸭饺”、“八宝鸭”等，至今金坛人说起来依然津津乐道。

作者“花花”的老爸是个文化人，不是专业厨师，却做出了专业的味道。他做菜从来只看烹饪之书中的一些花色，而味道来自于他的探索和研究，看人做菜，量身定做。做菜如同做事、做文，俱是一气呵成。读着文稿，读者会从内心发出赞叹：高手在民间。周苏蔚《留得芳香在心间》中说：“美食是一种艺术，是饮食文化中积淀最深的地方，但是美食不一定是名食……”肚皮饿的时候一碗雪菜豆腐汤、豇豆炒茄子，也成了最佳的美味。的确，美食只有用情感与文化垫底，才能够充满活力，经久不衰。

06

薪火传承，家乡美食代代有传人

《美食在金坛》不仅张扬了美食中的文化，文化中的美食，具有人文价值；也是一本烹饪教科书，具有育才价值，它将遗落在民间的传统美味佳肴，用文字固化起来，传承不息。作者王舒“茅山风鹅”加工四部曲，沈成嵩的《酱油豆》，叶益飞的《巧姑娘团子》，程福勤的“清蒸鸭饺”，吕怀成的南烛叶汁做成的“乌米饭”等，享誉乡邑，无疑给那些正在研读食谱、钻研厨艺的人们提供了鲜活的教材。难怪园林老总潘小平说，他要对书中所提供的一些菜品将进行挖掘和开发，向民间高人虚心讨教，让园林厨艺不断精进，提档升级。相信此书的后续效应会进一步发酵。

“食之在口，香之在腹，沁自在心，回味无穷。”“金坛美食，只要人们用心，可以有永远挖掘不尽的好东西。”我相信这部带着泥土芳香与金坛人心心相通的作品，一定能够穿越时空，长长久久地留在金坛人和广大读者的心中。这是我对《美食在金坛》的期盼和希冀。

2021 年 3 月 18 日于武汉南湖一隅

作者简介：

陆令寿，江苏金坛尧塘周家村人，中国作家协会会员，湖北省作家协会第六届全委会委员、湖北省旅游协会副会长、省乡村旅游协会总顾问，曾任武警湖北总队副政委、湖北省旅游局副局长。1981 年至今先后在国内外公开发表的文学作品有 200 余万字。多个作品在军内外获奖。

让生活更美好(序二)

葛安荣

写这篇文章的季节，风软了，花花草草香了，春天的味道很浓了。嗅着清新的嫩香，我忽然想起园林大酒店的一句话：“园林味道，让生活更美好！”如此，是否可以这样延伸，文化味道让《美食在金坛》一书更精彩、更有韵味？什么是园林味道？我认为不仅仅指菜肴的鲜美味道，而且包含园林的人情味、友情味、家乡味，包含园林的品质之味和时代之味，映着园林人精神追求和理想之光！

园林味道，美食与文化融合的味道。

常说一方水土养一方人，展开说，所谓的水土，我的理解不单纯是山水形势，自然生态，也包括自然物宝，包括美食种种的滋润和调养。我们不敢说“吃在金坛”，那样的“吃”相难看，过度夸张。但金坛有自己的美食特色，一些菜品，吃过还想吃，吃过了就难以忘记。长荡湖的“八鲜”、茅山的“山珍”、开一天酒店的鸭饺、儒林的羊羔、建昌的红香芋、朱林的水芹、罗村坝的粉丝、唐王的豆腐干，还有散落在民间的“麻鼻子豆腐”“酱油豆”“相思羹”“腐乳螺螺”“大丰收”“十碗头”等，无不散发着鲜气和香味，刺激着人们的胃口和饮食欲望。

民以食为天。《美食在金坛》一书较好地把握了饮食文化的基本内涵与核心支点。组织者用数年时间，不惜人力、物力，动员鼓励金坛作者(包括曾在金坛工作生活过的人、金坛籍在外地的人)写自己熟悉的记忆深刻的金坛美食。写美食写文化，近80篇散文结集出版，与世人见面，这是一件实实在在的好事，一项留住乡愁、传承美食文化的文化工程。《美食在金坛》体现园林大酒店作为组织者的品质、智慧和眼光。时代流变，饮食的习惯和认知也在改变，一些传统的民间菜品，随着时间的推移而淡出人们的视野，甚至消失。用文字或图片记载下来，留下可查找可问询的资料。若干年以后，说不定这些菜品又可以复活、重新搬上餐桌。民间在困难时期吃的山芋藤，红花草等，如今不是成为时鲜而受到欢迎吗？

《美食在金坛》散文集，一半美食一半文化，记录的是菜品，书写的是文化，合二为一，兼容并蓄，这样味道足，味道浓，味道好极了！用文化表现美食，拿美食做出文化，循环叠合，多样化、多角度、多侧面记载了金坛美食的丰富多彩、琳琅满目，同时多方面呈现美食文化的丰厚内涵，寄寓隽永的美学意蕴。阅读《美食在金坛》，我们不难发现每一道菜品都具有金坛美食历史的沿袭，文化和经济背景的折射，或者有一个趣味盎然的生活故事，乡情、人情、亲情，如春风吹拂，扑面而来，盈盈其间。

孔子有句饮食的至理名言：食不厌精，脍不厌细。一方有一方的“精”，一方有一方的“细”，金坛有金坛的“精”和“细”。江南美食，和而不同。

首先讲求味道鲜美。细读《美食在金坛》的每一道菜，它是精品，也是平常菜品，能搬上豪华宴席，也能走上寻常百姓餐桌，不管在哪里，飘溢出来的是金坛美食味道，鲜冽、纯真、浓淡有致、香味久久。孙中山先生说过：“辨味不精，则烹调之术不妙。”可见对“味”的审美视作烹调的首要意义。扩展开去，《美食在金坛》中的散文也力求一个“味”，纸上之“味”，字里行间之“味”，虽不入鼻，都香在心里飘散。因此，作者们从谋篇布局、叙事方式到讲述故事，语言表达等，努力做到精细化，“味道”化。读之，我们仿佛徜徉在美食家乡的田埂上，吮吸着一口口的新鲜空气；读之，我们仿佛打开金坛美食谱，浏览眼花缭乱的特色菜品，回味美食也回味文化，品味当下也品味过往。

《美食在金坛》两味聚集，菜品味，文化味，亦是地地道道的金坛味。食物连着胃，连着家乡美食记忆里的质朴和温暖。《美食在金坛》里的散文，牵动乡愁，牵动金坛美食文化一脉传承。美食美文，活色生香，快意生活，或许就是《美食在金坛》承载的另一种意义。有关对《美食在金坛》一书由点到面的分析评点，著名军旅作家陆令寿先生已在序一作了精致细腻的书写，他的认真严谨的写作态度，他对家乡美食文化的热心和关切，值得称道。

期待金坛人写出更多更好的美食文章，让金坛之味年年飘香，让生活更美好！

作者简介：

葛安荣，中国作协会员，一级作家，江苏金坛人，毕业于南京师范大学中文系，后入鲁迅文学院进修。现系《洮湖》杂志主编。出版短篇小说集 2 部，中篇小说集 1 部，长篇小说 6 部。纪实文学作品多部（篇）。中、短篇小说《走出困局》《花木季节》《黑色无错》《空洞》《鱼祸》《风中的轮笛》《野雪》《紫唇》等多部作品被《小说选刊》《新华文摘》《小说月报》《中篇小说选刊》《作品与争鸣》《海外文摘》等刊物转载。短篇小说《风中的轮笛》获江苏省第七届紫金山文学奖。长篇小说《都市漂流》《玫瑰村》《纸花》获江苏省第三届、第七届、第九届五个一工程奖。《玫瑰村》被江苏省锡剧团改编成大型现代戏公演。

目 录

七、风味美食

八、草根风味

一、绿苑撷鲜

转眼鬓发初带霜，线缆金沙新景象。
风吹丹桂螯蟹肥，柳拂金秋稻米香。
村人欣赞芹效益，文士喜作芋文章。
美食产业遍地兴，维舟芦边醉一殇。

——摘自子易《金沙秋色吟》(古体)

茅山板栗园

张留保

门前有片园，是一片栗园，已有年代了，谈不上历史悠久，离一百年也不算太远了。为了找栗子的枝条嫁接祖父吃尽了辛苦。那时他走了几十里的山路，起早出门，很晚才赶回家，枝条找回家后，第二天祖父请了几个懂得嫁接技术的师傅过来帮忙，祖父和他们一起，起早贪黑地忙了多少天，忙得腰酸背疼，在屋后的一片山坡上嫁接了一株株小的栗树，经过多年的辛苦管理，栗树渐渐地长大了。若干年后，他老人家走了，留给了我们后人这片栗园，应了那句话："前人栽树，后人乘凉。"

记得小时候，在那缺吃少穿的年代，时常口袋里放一把剪刀，走到栗树园里，抓住树枝用剪子把栗苞摘下来，顺着栗苞中间的一条缝隙用剪子一拨，白嫩嫩的外壳露了出来，剥掉外面的外壳，里面还有一层薄薄的嫩皮，去掉嫩皮便是好吃的栗米了，嫩的栗米又甜又脆。凡进栗园，都是肚子饿了才去的，吃得差不多了，怕被大人发现挨骂，便把剥的壳子扔得老远老远。

每到烧饭的时间，我都帮母亲在灶门口烧火，每在这个时候，我都要悄悄地用剪子摘一些栗苞回家，藏在灶边的草里，烧饭时，便用火钳夹住栗苞放进灶膛里。当火把栗苞外面的硬刺烧掉后，我担心栗子不熟，就没有动它，不一会工夫，只见灶膛里的栗子"嘭"的一声炸响，我便用火钳赶紧把栗苞夹出来，拨开已被烧焦的栗壳，取出栗米，稍冷一会儿，用两手掌轻轻揉一下被烘干了的薄栗皮，用嘴一吹，黄黄的栗米香喷喷的，便慢慢地放进嘴里嚼了起来，那滋味又粉又香，又酥又甜，我吃得有滋有味。再后来，怕栗子在灶膛的炸响声被灶台上忙菜的母亲听见，望着灶膛里的栗苞外面的刺烧完后，稍等片刻，赶紧夹出栗苞，这样就没有炸响声了。每次吃完后，把栗皮、栗壳全放进灶膛里烧尽，不留任何痕迹，这样，谁也发现不了这个秘密。

这片栗园，给我童年带来了无限的欢乐。每到春天，望着栗园的枝条鼓胀出嫩嫩的芽苞，在暖风的拂动下，不经意间便是绿绿的叶子，鸟儿在林中无忧无虑地欢唱，让人心旷神怡。当栗子扬花时，整个栗园是金黄色的一片，到处散发着花香的气息。这些花香，引来了蜜蜂蝴蝶，它们成群结伴，逍遥在黄色的花瓣里，嗡嗡有声，忽上忽下，忽左忽右，忙忙碌碌，春天也许是它们最忙碌的时刻，也是收获的时候。

当雨水过后，栗树的花瓣已被雨水无情地打落，当明媚的阳光照在栗树林中，树上便出现了无数的嫩栗苞，起初只有米粒那么大，嫩嫩的刺软绵绵的，随着日晒雨润，小栗苞渐渐地长大了，起先长到有白果大，渐渐地长到比苹果还要大一些。

随着时间的推移、季节的更换，到了农历的八月十五，栗苞发黄了，中间裂开了缝，像婴儿的嘴一样，会张开嘴笑了，笑得那么可爱，那么动人。金灿灿的栗米排列在栗苞当中，有三粒米子的，也有两粒的，还有独米子的，独子的栗米圆圆的，活像一个小球。

每到收获的季节，我都会想起往事，让人心痛，心情也很压抑。祖父是在“文革”的运动中离我们而去的。天公不作美，父亲走时也很年轻。那时，父亲有病，这栗子的收入也为他换回来了不少的药片和药水。好的栗子母亲是舍不得吃的，都是吃些小的或被虫蛀过的。被虫蛀过的，母亲都用剪子把发黑的栗米剪掉，经过母亲在锅里的炖煮，我们都是吃得津津有味。

从我们的村里走出去的人，有的就喜欢吃我们家栗园的栗子，因为这栗子是老品种，吃起来原汁原味，这也给我们家多少带来了一些收入。现在条件好了，吃什么都有点讲究，不好的栗子现在也不吃了。每到栗子成熟时，都要摘些栗苞回来，再杀一只老母鸡，把养育我们长大的老母亲喊来帮帮忙，剥剥栗米，由母亲掌勺，老母鸡烧大栗，滑嫩的鸡肉块味美鲜香，黄黄的栗米被母亲炖煮得十分可口，鲜美的汤汁喝到嘴里清鲜爽口，让人难以忘怀。老母鸡烧大栗在农村也是一道上等的菜了。栗子可以红烧鸡，也可以红烧肉，细细品尝，回味无穷。栗子的营养很丰富，富含维生素、胡萝卜素、氨基酸及铁、钙等元素，可以益气血、养胃、补肾、健肝脾，生食还有治疗腰酸、腿痛以及舒筋活血的功效，还能防止高血压、冠心病、动脉硬化、骨质疏松等疾病。栗子的甜香和药用功效我也讲不完，但栗子确实是我们山区里一种高品质的美食，人见人喜。

（作者系金坛区作家协会会员、薛埠镇东进村人）

一鸽胜九鸡

凌　涛

20 世纪 90 年代，薛埠镇农民掀起养鸽热后，孟锁洪夫妇在镇政府的支持下，选择秀峰叠嶂、层林茂密的方麓村马山背，组建成金坛市江南鸽业有限公司。由最初从江苏省农科院引进美国白羽王鸽，购进种鸽 5 000 对，经过 10 多年的发展，已形成 2.5 万对种鸽，年销乳鸽 30 万羽、种鸽 3 000 多对的规模化养殖基地。

白羽王鸽具有体形小、产仔量大、生长快等特点。通常情况下，一对种鸽一年可产蛋孵化 9 窝（一窝 2 只），比花斑本种鸽多产 2～3 窝，幼鸽一般只需 28 天，体重便可达半斤以上。

繁殖白羽王鸽需要先进的科学与管理，对农产品的安全指标、质量标准及生长环境要求特别严格。该鸽场地处森林腹地，无病菌污染，其大气质量与饮水标准达安全指标。白羽王鸽的饮食也十分考究，主要饲料以玉米 45%、小麦 25%、豆类 20%、糙米 10%四类集中搅匀，吸灰机排除灰尘，后用保健沙搭配，以增加钙质后供食。鸽场内专打 8 口深井，自配小水泵，由密封管道通向鸽舍。鸽场建筑面积为 1.2 万平方米，采取封闭式生态规模养殖，室内外安全设施周密，四周围墙挡水防风，大门进出电力自动启闭；墙内水沟涵洞配套，上下水流畅通；采光充足，透风性强；舍区绿化成行，花木盆景点缀，无公害标准化生产。鸽场聘请了 6 名专业技术人员和 45 名熟练工人，从饲喂、产蛋、孵育、清扫、防病到鸽粪处理，都有明确的分工与责任，对种鸽的选育、配对、分笼，母鸽产蛋及孵化等都有规范的操作程序。

标准化、规模化、集约化生产是时代的要求，也是社会发展的必然。2001 年该鸽场被金坛市列为“无公害食品农业科技示范园”，其养殖的白羽王鸽也在

2001年被江苏省无公害认定委员会确认为“无公害乳鸽”。公司申请注册了“华阁牌”乳鸽商标，被常州市评为“知名商标”。经国家市场监督管理总局评定颁发了“无公害食品乳鸽”证书，每年由上海市市场监督管理局派员不定期抽查检验，于2008年获得江苏省“名牌农产品证书”。

白羽王鸽属低脂肪、高蛋白、营养型家禽，氨基酸总量超过龟鳖，具有肉嫩、味美、细腻而不肥等特点，有“一鸽胜九鸡”之美誉称号，在长期的菜肴实践中，酒家用来清蒸，美味可口、肉嫩汤清。白羽王鸽还有较高的药用价值，用其煲汤是产妇和肿瘤患者化疗之后的最佳营养品。多年来，江南鸽业有限公司与江苏省农科院、扬州大学等建立技术协作，根据市场需求，采用现代的先进技术和科学配方，先后研制出袋装酱香乳鸽、肉鸽五香蛋、五香盐水乳鸽，又与数家大宾馆、大饭店签订乳鸽长期供货协议。袋装类乳鸽食品，撕开包装，即可取食，味鲜肉美，别有一番风味。该公司每年以30万以上乳鸽量销往常州、无锡、南京等城市。金坛市数家餐饮店广为销售，顾客食后赞不绝口。

（作者系原金坛工商局退休干部）

水芹情节

张国琴

走进金坛大街小巷任何一家饭店菜馆，随意翻开任何一本菜谱，都会有道与水芹相关的菜品。说起水芹，特别是在朱林人的心中，它不仅仅是一道菜，人们对它还有着特别浓厚的情节。成片的水芹种植，形成了产业，养育了一代代朱林人。

朱林的无节水芹以它的青翠嫩香，名誉海内外。它可以凉拌或清炒，各具风味。有史料记载：水芹还有保健功效，食之能降压，对高血压、高血脂有保健作用。

凉拌水芹是我的最爱，将水芹去叶留茎洗净，切成寸段，入沸水焯一下，捞起沥干水分，加糖、盐、醋、鸡精拌匀，淋上香麻油，调料量按口味酌情增减，装盘即可。芹菜的清香被原汁原味地保留了下来，嚼在嘴里格外的脆嫩清香，堪称美妙。水芹凉拌金针菇，可谓绝配，色、香、味俱全，水芹的翠绿、金针菇的金黄，夹一筷送入口中，细细咀嚼，清脆间不失爽滑，唇齿间回味悠长……令人不禁联想起杜甫笔下“饭煮青泥坊底芹”的意境。

水芹还可以清炒、水芹炒蛋或水芹肉丝等，但无论如何配菜，都无法掩盖水芹本身的鲜嫩碧绿、清新如小家碧玉的本色。所有的辅料只能是更加淋漓地衬托了水芹的青、雅、脆，总叫人莫名地欢喜，心头立刻就有了春意，烟波水起。遥想彼时，悠悠春水慢慢变宽，青青的水芹散发着清香，是何等的清雅散淡！

五月间我是偶然闯进水芹基地的，那成片的水芹已经到了花期，一团团可爱的白色小花争相绽放，是田野上一道动人而独特的风景。春风吹过，带来亘古不变的清香，有种心旷神怡之感，在春暖花开的日子里多了几分清新柔暖的气息。

水芹自古深得人们喜爱，“菜之美者，有云梦之芹”。云梦，好美的名字，足以令人浮想联翩。当春雨润湿了水面，烟雨氤氲的天地间，青嫩碧绿的水芹，亭亭玉立，间缀细碎白花，摇曳生姿，淡淡的芹香夹着泥土的芬芳弥漫，如梦似云。让水芹诞生在如此美好的地方，足见朱林人之厚爱。

水芹是道菜，更是一种情结。

（作者系金坛区作家协会会员，供职于朱林卫生院）

食在农家回味长

徐金亮

近年来，金坛各家农业生态观光园，好像恬静田园，宛如桃源，良池、青圃，木屋、绿苑，鸡鸭成群、珍禽无数，长廊细桥、阡陌交通……

好一派优美迷人的田园风光，让人心旷神怡！

金坛农家乐，创造了独特的生活情趣，不但吸引了许许多多来自上海、南京和苏州、无锡、常州等地的游人，还吸引了来自美国、日本、新加坡等 10 多个国家的旅游爱好者 1 000 多人。我国著名诗人丁芒也专门为金坛市农家乐题写了对联，来自美国生态旅游研究方面的专家鲍俊堂博士高度评价："金坛农家乐，能在这方寸之地，巧妙地把旅游资源发挥到了最大化，金坛的'农家乐'真的 ok 了！"每一个到金坛市农家乐的人，更是为这里的美食折服，为之感叹，这真是食在农家回味长。

食在农家农业生态观光园，可享受到天然美食、农家小菜，到农家就算来对地方了。比如，获得常州市首届农家特色菜肴评比金坛唯一金奖的"南汤趴鸭"，口味浓厚，肉质细嫩，肥而不腻，令人回味无穷。获得常州品牌农家菜的"乡村锅贴鸡"，是一道地道的农家菜，用散养草鸡作为原料，配合独特的做法及特有的锅贴，口味极佳。还有双丝螺蛳青、干蒸猪手、农家笋、老母鸡汤等特色农家菜以及各类新鲜瓜果蔬菜，只要你愿意，完全可以现采或现钓、现下锅，这些可都是纯天然无公害的绿色食品。

中午时分可以走进小木屋餐厅，服务员力推"京葱趴鸭"。她口齿伶俐，绘声绘色的介绍直把大家说得两眼发直、垂涎欲滴，这到底是一道什么菜？

"京葱趴鸭"，曾获得常州市首届农家特色菜肴评比金坛唯一金奖。其实，这是一道典型的本地菜，原名叫"南汤趴鸭"。传说这是当年朱元璋当皇帝之前路过此地常吃的一道菜，他给这道菜题名为“南汤鸭”，到了民国年间就变成了“南汤趴鸭”，现在又叫“京葱趴鸭”，所取的原料相同，就是南汤的鸭子。后来朱元璋就在金坛留下一块“御碑”，这块碑目前在乌龙山风景区。

菜不久便上来了，桌上一阵“骚动”。几筷下肚，众人先是无声，然后是一阵惊呼，原来是“京葱趴鸭”上桌了……

果然不同凡响，像一幅优美的水彩粉画，造型给力，色彩华贵。富贵的金黄色配以翠绿的点缀，高贵而醉人，养眼而欲食之。

“口味浓厚，肉质细嫩，不膻不腻，醇香可口，鲜美无比，让人回味无穷。”有人字正腔圆地解说着。“这道菜可是常州市首届农家特色菜肴评比金坛唯一获得的金奖。”服务员在一旁再次强调。话音刚落，桌上是一阵乱战。

接着又上了一道“乡村锅贴鸡”。据服务员介绍：这是一道地道的农家菜，以散养在葡萄园的草鸡作为原料，配合独特的做法及特有的锅贴，色香味俱全，鲜香嫩脆，形态美观，口味极佳。众人围坐一桌，和着脆脆的锅贴，吃着香辣的鸡肉，真是令人大快朵颐。

在农家乐，菜肴别具风格，我们吃得不亦乐乎，再抿上一口农家乐自种自酿的葡萄酒，香醇可口，真让人心醉其中。一席间，可让我们大开眼界、大饱口福了。

当然，躲在“碧潭”里的鱼、虾、蟹等，也可随客人的意愿让它们成为桌上的美食。农家丝螺、咸肉河蚌、青鱼三吃、洋葱猪煲、肥肠鱼、龙山豆腐等农家菜肴等着客人来享用，让客人感觉食在农家回味长……

（作者系金坛剑群律师事务所律师）

二、碧水美馔

碧波潋滟美如画，洮湖禽鱼共一家。
鳅鳝陌陌展柔体，鳜鲫欢欢戏芦芽。
金穗拂秋品螯蟹，白雪映冬尝野鸭。
横舟停棹酌农酒，归鸥乘兴颂物华。

——摘自子易咏洮湖水物体(古体)

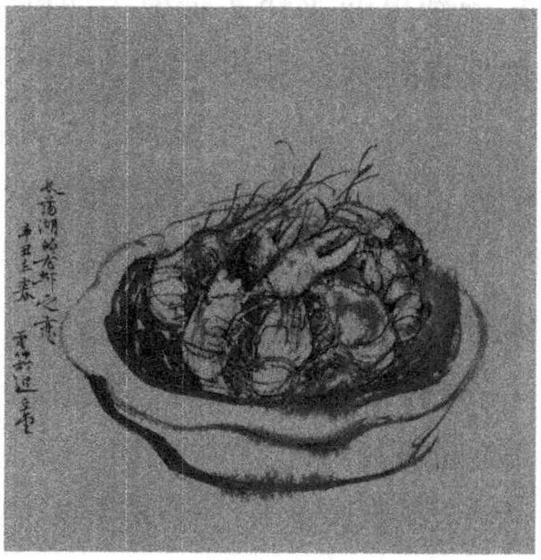

长荡湖的龙虾之恋

李淑妮

在一个地方住久了，即使是外乡人，也会沾上浓浓的当地乡土味儿——这种味儿会在不知不觉中渗入你的血液和灵魂。

在金坛定居，我由最初的不习惯，到慢慢适应，再渐渐地爱上它，用了三年的时间。如今，我已经深深地爱上了这座江南小城，爱它的水乡风韵、淳朴民风，特别是丰饶的物产与美食，无一不令我深深眷恋。

一位在杭州工作的澳大利亚朋友吉姆对我说："常听你提及，也看到过你的文字，久闻长荡湖大名，我要去看看！"——原来，对一个地方有了感情，便会在言谈举止与字里行间不自觉地流露。

那是一个五月周六的午后，我不胜欣然地在汽车东站迎到了这位远道而来的异国客人。到家略坐后，吉姆便急不可耐地要去看长荡湖。我有一好友晓月居住于儒林诸葛八卦村里，至儒林后，晓月便是最好的导游，她向我们一一介绍：风景如画、湖如明珠、田地富饶、螃蟹鲜美、鱼肥虾鲜。一听到好吃的，吉姆更是兴致盎然，非要立刻尝鲜不可，而且指名要品农家小吃。晓月欣然相邀——她家临湖而居，她与公婆在长荡湖旁养螃蟹，老公是一家高档酒店里的大厨。

至晓月家，她公婆热情相待之余，却隐隐面有难色。我拉过晓月细问，才知，乡下的菜市只有早上有，一般的菜晚上买不到，他们担心没有好东西来招待外国贵宾，想请我们去饭店里用餐。吉姆听说后，连连摆手说："我不要吃饭店里的菜，我要吃你家里烧的菜。"晓月也有些为难地说："这时节，螃蟹还是小蟹苗，鱼倒是有，但却只有些普通的鱼。"我突然想起来，问她："你烧的龙虾不是很好吃吗？咱们就吃龙虾吧！"晓月迟疑地说："用这个来招待贵客，能行吗？"吉姆听说后连忙说："行，行，行，当然行！"

晓月想了想，笑着说："有了！"并立即给她先生打了个电话。

晓月的公公找到一只网兜，我和吉姆听说他要去捞虾，赶忙跟上，才知道，原来在长荡湖旁，龙虾无处不在，小沟河、池塘里，甚至连臭水沟里都有。老人家说长荡湖里的龙虾才是最干净的。"湖水碧澄如镜，一只只呆头呆脑的大龙虾耀武扬威地伸着尖尖的大剪刀，张牙舞爪地向我们示威，真是可爱极了。

不多久，我们便提着一大袋战利品往回赶，我和晓月还顺手摘了几朵洁白清香的栀子花和几片碧绿的芦苇叶。等回到家时，大厨已经回来了，他高挽手臂，戴好帽子，系着白围裙，准备大展身手。晓月与婆婆把龙虾反复冲洗，又用刷子仔细把龙虾身上的青苔、污垢刷净，然后去腮抽肠，动作娴熟，看得我们目瞪口呆。

两位老人帮大厨打下手，在屋子里忙得不亦乐乎，晓月陪我们在院子里小坐，吹着清新的湖风，看长荡湖里碧波翻滚，赏湖边稻田里麦浪如涛，边吃着自家种的甜瓜，边闲话家常。此情此景，让我不由自主地想起一句"现世安稳，岁月静好"的诗来。

当夕阳把最后的灿烂光辉化为万道霞光铺在长荡湖的尽头时，大厨宣告龙虾宴即将开始。首先上场的是一盆清蒸龙虾，乍一瞧，简直像一幅画一样，漂亮极了；仔细一看，原来，刚才我和晓月刚刚摘的芦苇和栀子花派上了大用场，已变成了这道美食的绝佳配料。

我迫不及待地举筷，尝了一个，肉味细嫩清爽，清淡可口，但我一贯喜咸辣，觉得有些寡淡无味，可吉姆却连夸奖："原汁原味，好吃，真好吃！"

晓月看看我，会心一笑，又端上来一盆红烧龙虾，笑吟吟地说："尝尝这个吧！"我尝一个，哇，虾肉鲜嫩肥美爽滑，汤汁浓香，十分可口，吃过唇齿留香。

顷刻，大厨又变魔术似的，再次端上来一盆十三香龙虾，佐以芝麻、青椒、大蒜，哇，不要说吃，光看看口水都要滴下来了！

这边没吃完，大厨又倾情奉献上一份口味非常独特的川香龙虾。我先闻了闻，香辣扑鼻，尝一口，又香又鲜又麻又辣，舌尖受到的诱惑无可抵挡，真是味觉的最高享受。

龙虾的口味一道比一道重，我们吃得越来越带劲，大家纷纷弃筷用手，边吃边饮啤酒、饮料，开怀大吃，美味异常，口舌生津，席间咂舌吮指之声不绝于耳。

我们在这边吃得啧啧有声，饱享口福，大厨却还在厨房与龙虾做最艰难的搏斗，我等虽然心下不安，可面对如此美食，又根本做不到无动于衷。大厨诚挚地说："你们只有多吃点，才是对我的最高赞赏。"于是我们再次毫不客气地大快朵颐。

吉姆看着我们吃得汗流浃背，他尝了一口便直吐舌头，再也不敢吃了。我们正为此感到遗憾的时候，大厨笑眯眯地说："我早准备好了。"我心想：这清蒸、红烧、麻辣的都有了，难道你还能变出什么花样来？

谁料，不大一会儿，大厨为远道而来的客人做的具有异国风情的特色龙虾隆重登场，看，这是一盘香槟奶油蒜焗小龙虾。

少顷，大厨又为吉姆送上了一盘龙虾色拉配番茄，他介绍说："这里面配有牛油果和罗勒嫩叶。"这些不常有的配料是他为了招待贵宾特意从酒店带回来的。

听到吉姆连连夸奖龙虾与番茄配在一起味道很好时，大厨又端上一盘为他特制的奶酪烤龙虾配小番茄。

看着这些用龙虾做成的各种西式菜肴，我们目瞪口呆，尝一口，却实在是不太合我们中国人的口味。但吉姆却吃得眉飞色舞，赞不绝口。

看到吉姆和我们都能各取所爱，尽情享用美食，大厨高兴地笑了。我们纷纷对大厨说不用再上菜了的时候，他却意犹未尽地说："我还会烧许多关于龙虾的菜式呢，什么蒜蓉开背蒸龙虾、草莓浓汁焗龙虾、麻辣啤酒龙虾等，真想都烧给你们尝尝，看来只有等下回了。"

大厨还热情地邀请我们秋天来参加长荡湖一年一度的美食节。他说："那时，鲜鱼、青虾、螃蟹、莲藕等长荡湖的特产都上市了，那才是真正的好菜迭出，百菜争鸣呢！"

吉姆当即与我击掌相约，一定要在今年秋天，再聚长荡湖畔。

说是不再烧了，可大厨还是给我们每人做了一碗浓香龙虾面！那个味，真是香鲜无比，回味无穷啊！

大厨终于有空坐下来了。他告诉我们："龙虾不但十分美味，而且营养丰富，肉质松软，易消化，还含有丰富的镁、磷、钙，对心脏有重要的调节作用，能很好地保护心血管，预防高血压和心肌梗塞。还有通乳作用，对孕妇、小儿有补益功效，对身体虚弱及病后调理的人都极好。但是龙虾性寒，要以大葱、生姜去腥增香，并佐以孜然和肉桂增加独特的香味，再根据各人的口味加上花椒和辣椒粉，才能成为我们的盘中美味。另外日本大阪的科学家发现，龙虾还含有'虾青素'，有助于消除因时差产生的'时差症'呢！"

在回城的路上，吉姆一再说："我来你们金坛定居好吧？最好能住在长荡湖边上，这样就能每天都欣赏到长荡湖的美景，又能吃到美味的龙虾了。"

呵呵，没想到，只一次，吉姆就和我一样，已经恋上了长荡湖，恋上了这美味的龙虾，我笑着对他说："好，好，好，金坛人民随时欢迎你！"

（作者系江苏省作家协会会员、金坛区作家协会理事）

长荡湖“八鲜宴”

灿　映

“自古说那西湖美，可知相邻还有一湖水，长湖藏在金坛里，叫人看一眼，陶醉一百岁……”宋祖英悠扬动听的歌声飘荡在长荡湖的水面上，湖水轻轻地打着节拍。长荡湖大闸蟹趴在网上静静地、痴痴地听得陶醉了。大头鲢鱼听着听着，兴奋地跃出了水面，划了一个美丽的弧形，这一优雅的跳水动作，不亚于奥运冠军的跳水表演。整个湖鱼虾都在水下聆听这美丽的旋律，听这著名的歌唱家赞美长荡湖，听靓丽的美人歌颂它们水族。青鱼、草鱼、鲤鱼、鳜鱼们激动了，在水里悠悠地扭动身体伴着舞。

2010年11月9日，随着宋祖英演唱的《长湖荡歌》响起，首届“中国·长荡湖湖鲜美食节”在长荡湖畔的儒林镇正式开幕，多位领导到场祝贺。开幕式上播放了长荡湖“八鲜宴”推介的专题片，引起了场内嘉宾和观众的阵阵掌声，大屏幕上大闸蟹、青虾、甲鱼、鳜鱼、昂公、白条、鲶鱼等长荡湖八鲜依次登场。做工精细，色泽诱人，加上金坛餐饮商会的名厨介绍，让现场每位观众大饱眼福，赞叹不已。

下面让我们再来欣赏一下名厨们所介绍的“八鲜宴”的具体内容，回味一下色香味皆为上乘的长荡湖“八鲜”。

长荡湖，美食之湖，尤以水中“八鲜”而享有盛名，“八鲜宴”堪称江南美食一绝。

“八鲜宴”皆选湖鲜上品，精心烹调，香气浓烈，鲜嫩诱人，品尝者无不赞叹。“八鲜宴”中的大闸蟹（毛脚蟹）蟹体肥满，蟹黄厚实，蟹膏肥糯，肉体细嫩柔白。其色香味在中国淡水湖蟹中“一蟹独鲜”！“八鲜宴”中的青虾（藻虾）、甲鱼（团鱼）、鳜鱼（鯚婆子）、昂公、白条（翘嘴餐）、鲶鱼（鲶娃郎）、痴鱼（痴鱼呆子）皆美味独特，食之难忘。

大闸蟹（封缸酒蒸毛脚蟹）

长荡湖大闸蟹属长江水系中华绒螯蟹，是中华绒螯蟹中的名贵品种，背青肚白，螯强爪健，生长于无污染、水草品种多、水质清纯的长荡湖，是中国淡水湖蟹之上品，脚毛金黄，蟹体肥满，蟹黄厚实，蟹膏肥糯，肉质细嫩纯白，其营养成分高，味觉与口感鲜美独特，胜于其他地域的淡水湖蟹。

烹调方法：蟹黄豆腐、蟹粉蹄筋、蟹粉狮子头、蟹黄汤包、芙蓉蟹粉等。

青虾（手抓虾）

青虾，长荡湖特色水产品。长荡湖水草茂盛，水浅而光照易透，加之水质清澈纯净，极适宜青虾生长。长荡湖青虾形娇色亮，丰腴饱满，肉质白嫩细腻，味道鲜美。

烹调方法：青峰虾仁、凤尾虾、椒盐虾、红汤虾、青椒炒仔虾、虾米炖蛋等。

甲鱼（清蒸甲鱼）

甲鱼，因其形体为圆团形，故长荡湖一带人称之为团鱼。甲鱼多产于湖区，现也有大量人工养殖甲鱼上市销售。中国以鳖入馔，历史久远，唐朝的遍地锦鳖，元朝的团鱼羹。清代以后，鳖之肴馔增多，《随园食单》《调鼎集》均有多种食鳖记载。长荡湖野生甲鱼体肥饱满，肉嫩味美，是待客的鱼中珍品，是食补的首选。

烹调方法：清蒸、干烧、浓汤、煨裙边、汽锅团鱼。

鳜鱼（浓汤鲃婆子）

长荡湖鳜鱼是“淡水名鱼”，亦是待客的上品鱼。其形扁阔，肉厚实而刺少，肉质洁白而细嫩，呈瓣状，是佐酒、食疗的上等菜肴。

烹调方法：清蒸、红烧、浓汤、剁椒等。

昂公（红烧昂公）

昂公无鳞，身体呈青黄色，背与胸部皆有尖锐的硬刺，游动时常发出“昂昂”的声响，长荡湖一带的人称之为昂公。昂公肉质细嫩，具有“野鱼之风味”，口感极佳。

烹调方法：红烧、剁椒、浓汤等。

白条（清蒸翘嘴餐）

白条，长荡湖淡水名鱼之一，大诗人杜甫赋诗赞叹白条“白鱼如切玉”。由于长荡湖水草茂盛，小鱼小虾品种多，成为白条喜爱的食料，因而其肉质细嫩，身白如玉，烹调后味鲜而不腥，口感肥而不腻。

烹调方法：煎烹、干炸、清蒸等。

鲶鱼(剁椒鲶娃郎)

鲶鱼,嘴阔,无鳞,其形酷似娃娃鱼,生长于长荡湖湖边围埂下的芦苇滩旁,夜晚觅食小鱼小虾,秋后潜伏于深水河泥中越冬,是名贵的营养之鱼。史书记载可与鱼翅、野生甲鱼相媲美。

烹调方法:红烧、剁椒、清蒸、煨汤等。

痴鱼(滑炒痴鱼片)

痴鱼,生长于长荡湖近岸水草、芦苇、瓦砾、石隙、泥沙底层,其形短而壮实,肉质细嫩洁白,味道肥鲜,营养成分丰富,是南方人喜爱的佐酒上品。

烹调方法:痴鱼炒粉丝、滑炒痴鱼片、痴鱼烧豆腐、痴鱼炖蛋等。

长荡湖令人难忘的美食不仅仅是"八鲜",纯白乳般的黑鱼汤,鲜香入脾;青鱼尾巴鲢鱼头味纯肥美;银鱼、米虾和蚬肉鲜嫩可口;连油炸小旁皮也是金坛传统的名菜……举不胜举。长荡湖中的鱼自古就品种多、产量高、繁殖快,唐代张籍的诗"一斛水中半斛鱼"就是最好的历史见证。长荡湖的鱼味道鲜美、品种繁多得益于长荡湖的水,得益于长荡湖中的草,得益于长荡湖特定的地理优势。

长荡湖是一个浅水湖,湖底平坦,平均水深恒定于0.8～1.2米,光照充足,水草丰茂,水源净化,饵料充裕,自古以来就是天然的水族牧场、鱼库。

长荡湖的水源大部分来自茅山、方山诸峰,天上之水山上来,带有点仙气和灵性。长荡湖是一个大蓄水池,水源充沛,且酸碱度适中,适宜水中动植物的生长和发展,因而长荡湖的鱼虾特别鲜美且肉质细嫩。

优质的食材形成美味佳肴,当然还有制作工艺的特别。"八鲜宴"之一的大闸蟹为何色香味在中国淡水湖蟹中"一蟹独鲜"?金坛餐饮商会秘书长戴国文道出了其中的奥秘。制作长荡湖大闸蟹有四个特别之处:一是制作所用的配料是金坛封缸酒,用封缸酒蒸大闸蟹,其香是封缸酒的醇香加蟹的浓香,是用水蒸蟹无法比拟的;二是用长荡湖的蒲草缚住蟹脚,蒲草的天然清香给蟹又添香增味了;三是蒸蟹时蟹脐朝上背朝下,保证蟹内的营养鲜汁不流失,使蟹黄蟹膏浸润口感好;四是用一片姜、一根葱放在蟹脐里,随着蒸锅温度的升高、蒸汽的升腾,姜的辣味、葱的香气随蒸汽徐徐钻入了蟹肚里,蟹黄、蟹膏、蟹肉也溢蕴了姜浅浅的辣、葱幽幽的香。八鲜菜肴均有特殊的烹饪技法。

来自全国各地的嘉宾和领导参加了金坛"八鲜宴"招待宴会,来宾们品尝了佐以江南世代相传的特殊烹饪工艺的"八鲜宴",赞不绝口,食之在口,香之在腹,沁之在心,回味无穷。

"品一回长荡湖'八鲜宴'美味,留一份美食文化记忆!"

(作者系金坛人,供职于金坛民政局)

桃花流水鳜鱼肥

胡金坤

鳜鱼，在金坛，它有一个俗气的名字——鳜婆子。

鳜鱼，它与黄河的鲤鱼、松花四鳃鲈、兴凯湖大白鱼齐名，为中国四大淡水名鱼。金坛是鳜鱼的主要产地，它价格不菲，比鲫鱼、草鱼要贵几倍。这种鱼，有蒜瓣似的厚肉，味道鲜美，鱼刺又少，尤适宜老人小孩。我虽然喜欢，一年也只买几回尝尝，一是价格贵，二是烹调水平低，哪能把它当作家常菜吃。

鳜鱼烧法很多，一是清蒸，二是红烧糖醋，再就是餐馆那种“松鼠鳜鱼”。“松鼠鳜鱼”是道名菜，当以苏州观前街松鹤楼的最有名气。据说乾隆皇帝下江南，微服在松鹤楼用餐，吃了这昂头翘尾、色泽鲜亮、嫩香入口的“松鼠鳜鱼”，大声叫好，并将烹调方法传入宫内。松鹤楼以此殊菜，挂上“乾隆首创，苏菜独步”的金字招牌。乾嘉年间的菜谱《调鼎集》也在菜系内增加了“松鼠鳜鱼”的条目。

金坛大小饭店，一向以苏淮菜系为主，筵席上当然少不了这道鳜鱼。听红锅师傅说，烧“松鼠鳜鱼”说难也不难，关键是刀工，先去鱼脊，再在鱼肉上切不浅不深的纵横细块，把鱼头鱼尾竖起，放葱姜调料，将淀粉投入油锅，炸至一定成色，捞起装盆，端上餐桌浇些番茄汁，顿时色香味全有，食客胃口大开。

鳜鱼不仅是美食，也有保健治病功效。例如，肺结核病人用鳜鱼一尾，剖洗干净入瓮，倒些黄酒，加百合 20 克、贝母 5 克，隔水蒸服。年老体弱无力者，加黄芪、党参、当归各 15 克，淮山药 30 克煮汤，补气养血。

金坛水产养殖业兴盛，鳜鱼一年四季都大量供应。美食家喜欢在初春和深秋吃鳜鱼，因为“桃花流水鳜鱼肥”“碧芦花老鳜鱼肥”，诗中说的就是春秋两个季节。

鳜鱼入诗，也入画。因为它口阔、齿尖、黄黑斑纹，形象奇突，所以成了画家心仪之物。齐白石、李苦禅画的鳜鱼名声大噪。白石老人 91 岁用浓淡墨将鳜、鲢、鲇三种鱼画在一起,曰“三余”。“余”谐“鱼”之音也。李苦禅的《过秋图》:鳜鱼画在右上角,白菜和菌菇画在左下角,画面上鱼蔬相配,一上一下,馔物香味扑鼻而来。

金坛人好客,如远方亲友来,点上这道鳜鱼,加上长荡湖绒蟹、青虾,这便是绝佳安排。席间有酒,再胡诌几句桃花流水呀,四大淡水鱼的产地呀,那么这顿饭,便将金坛水产风味演绎得淋漓尽致了。

(作者系常州市作家协会会员、退休医务工作者)

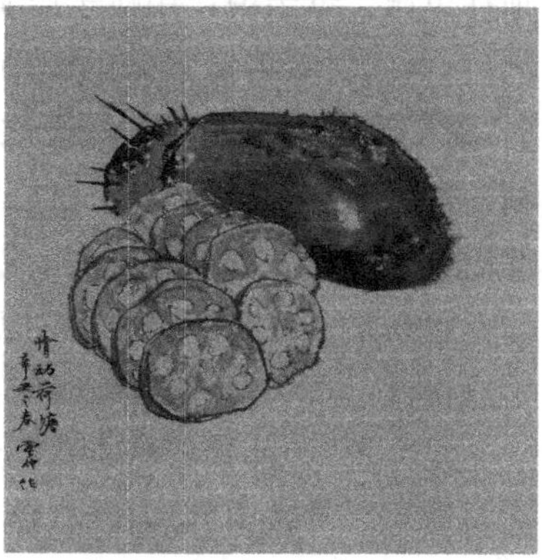

情动荷塘

一 点

美食，到底什么算是美食呢？细想想，在今天看来还真可谓名目繁多，举不胜举。然而，早在缺吃少穿的二十世纪六七十年代，美食就成了我们的一种奢望了，那时对我乃至那一代人来说，能填饱肚子的食物大概都算美食了。

幼时的老家在农村，屋后有一小荷塘，约五亩地一般大小，荷塘因岸埂较平缓，水深处也不过 1.5 米。所以每到盛夏，那里便是我快乐的海洋。我与一帮和我一般大小，十岁左右的男孩整天就泡在那里。不仅是因为那里有养眼的绿绿的荷叶，清新、淡雅、芬芳的荷花香，也不仅是我们可赤条条“扑通扑通”跳进荷塘，躲进高高竖起的荷叶下遮挡炎炎的烈日，享受清凉的痛快，更重要的是我们可以找到好吃的——莲藕。

我们一边嬉戏，一边用脚在淤泥中探索，当脚一触到莲藕，便会使出吃奶的力气如鱼鹰一般一个接着一个猛子扎下，当再次从水中探出头来，一手抹去脸上的水珠，一手高举一节一节莲藕时，那高兴劲儿早已搅得水花四溅。

莲藕微甜而脆，削去皮洁白如玉，可生食也可做菜，而且药用价值也相当高，它的根根叶叶，花须果实，无不为宝，都可入药成为绝佳的滋补品和保健品。荷叶，有解热、抑菌、解痉的作用。莲子心，有清热、固精、安神、强心的功效。而用莲藕制成的粉，可消食止泻、开胃清热、滋补养性，还可预防内出血，是老弱妇孺、体弱多病者上好的流食和滋补佳珍，在清咸丰年间，就被钦定为御膳贡品了。虽然今天，莲藕的做法有许多，可做成诸如酸辣藕丁、泡菜藕片、清蒸藕丸、蒸藕泥、炸藕夹、干锅香醋脆藕、山茶糯米藕、姜末藕、山楂藕片等无数种美味佳肴。然而，我情有独钟的是冰糖桂花糯米藕，每次品尝，我都会怦然心动。

夜幕降临，母亲收工回来，见我从荷塘里弄来许多莲藕，甚是高兴，几个姐妹也是嬉闹成一团，围着母亲嚷着给做好吃的。母亲先是找来一些糯米淘洗干净，再放在盆中用清水浸泡，约 30 分钟后捞起晾干水分，将削好皮用水洗净的莲藕切下一端藕节保留，然后将糯米一点一点地塞进莲藕的孔里，不时地用竹筷使劲地往里压。母亲说："用筷子压实的糯米莲藕吃起来有滋有味。"待糯米将莲藕塞满后，再用竹签将切下来的藕节与莲藕连接复原，然后放进锅里加水蒸煮。那时，家里没有桂花、白糖、蜂蜜之类，母亲每次都是在煮莲藕的锅里加了少许糖精。就这，我们几个姐妹也已心满意足、欣喜若狂，久久地围在灶前，当锅里升腾起白雾缭绕诱人的藕香味时，我几次欲揭开盖子的手都被母亲打得缩了回来。好不容易熬到煮熟，再等到稍凉，母亲将莲藕切成一片片端到餐桌上时，我早已饥肠辘辘，口水外溢。这顿晚餐差不多是我在那个年代最好的美食了。

至今想来，莲藕依然是我的最爱。我喜欢吃甜食，我更喜欢莲藕给我带来的无限遐想。佛教中有莲花座、莲花台。莲又为宗教和哲学的象征物，它代表着纯正、庄严和神圣，代表女性的美丽纯洁，象征着"出淤泥而不染，濯清涟而不妖"，同时演绎着诸多如"并莲同心""荣华富贵""一路荣华""富贵荣华到白头""连生贵子"等传奇佳话。相传古代一位才子相中一位美貌女子，一日，两人相遇，女子道："只有你能对上我的对子，我才能答应你。"说完便脱口而出上联，"竹本无心皮外多生枝节"，男子稍一思忖便也笑答道："藕自有窍腹内满藏情丝。"于是，两人相视一笑，最终结成百年好合的恩爱夫妻。

（作者本名沙剑波，江苏省作家协会会员）

长荡湖水煮青虾

徐全根

碧波荡漾长荡湖，有闻名遐迩的“八珍宴”。凡来长荡湖观湖景、品湖鲜的游客们，总少不了要知晓“八珍宴”的一二，品尝“水煮青虾”之风味。“水煮青虾”仅仅是“八珍宴”中的一道名菜，其在所有菜中称得上凤毛麟角。确实，形如“水钩”、色如“橘红”的长荡湖“水煮青虾”还真让人食后回味无穷，使人流连忘返。

长荡湖“水煮青虾”为何能成为食客们必不可少、厨师必推荐的一道菜肴呢？不妨让我们了解一下它的取材及烹饪方法，便可知其奥妙所在。

长荡湖青虾是一种淡水生物，通体透明，食用时其味道鲜美，营养丰富，是人们酒宴中必不可少的高品质佳肴。“水煮青虾”更是堪称一绝，其特点是取（食）材讲究，制作简便，食之生津，外形美观。青虾一定要产自湖区的雌性青虾，内塘青虾不宜，因为无论是口感还是外观颜色，湖虾与塘虾都有明显的区别。湖虾，肉质结实、嫩而不软，装在盘中，鲜红的“橘红色”、红而发亮，放在餐桌上，在众多的菜肴中，以其鲜红的外观别具一格、光彩夺目，十分显眼，给人以耳目一新的感觉。而塘虾肉质软而不嫩，颜色呈浅黄色。青虾肉质细嫩口感鲜，烧煮过程也十分讲究，一般以盐水清煮居多，这样的做法特点是取其本色。“水煮青虾”必须是鲜活的，因为鲜活的青虾，经水煮后能自然弯曲成“水钩”状，它能给人一种美的享受，而不鲜活的青虾，经水煮后，不能自然弯曲，只能僵直，这也是两种不同品质的区别所在。

“水煮青虾”规格要求也比较高，每只虾的长度基本均匀，不能大小不等，一般长度为 5～8 厘米。规格均匀的青虾，装在盘中形成一种圆周状，其外形不仅整齐美观，还给人以一种流畅自如、舒适自然的感觉。

“水煮青虾”的制作简便、配料简单。

用剪刀把青虾的大小脚全部剪去，放入清水中洗净待用，然后在锅中先放入适量水（把青虾沉没在水中即可）和生姜，水烧开后加入适量食盐、葱、蒜或少许白酒，再把洗净的青虾倒入锅中，待水烧开后，略待片刻即可装盘食用。装盘时把青虾从盘子的底层开始，沿盘子的四周顺序一层一层由内向外摆放整齐，成宝塔状即可。这样一盘鲜味四溢让人食之唇齿生津、食欲大开的“水煮青虾”怎能不成为食客们争相品尝的美味佳肴呢！

品尝“水煮青虾”还有一个季节性的概念需要记住，青虾每年4—8月份是产子季节，这时的虾为“子虾”，膘肥体壮，无论色、形、味均超越其他任何时节的虾，因此，这个季节是一年中吃“水煮青虾”的最佳时节，食客们可千万不要错失良机！

（作者系金坛人，供职于常州金坛环宇弹簧有限公司）

黄鳝三吃

王昊天

黄鳝又称鳝鱼、长鱼，因其色泽黄褐，体侧有不规则的暗黑斑，故名。黄鳝喜生活在稻田、小溪、池塘、河渠、湖泊等淤质水底层，由于全身仅有一根三棱刺，因此刺少肉厚，鲜嫩味美。

“小暑黄鳝赛人参”，这句古谚语在长辈中口口相传。据《本草纲目》记载，鳝鱼：肉甘大温无毒。主治：内痔出血，湿风恶气。二十四节气的小暑来临，标志着出梅入伏，暑热天湿气较重，而此时正是黄鳝高度繁殖的时节。大量的蛋白质、脂肪，还有磷、钙、铁多种微量元素等营养成分，让民间百姓慢慢总结出了“小暑黄鳝赛人参”的食谚。

而“黄鳝三吃”这一说法则不为多数人所了解。这还得从父亲早年的一段经历说起。

父亲幼时常与和他同年的小舅一同玩耍，暑假时都要去长荡湖边舅姥姥家居住一段时间。舅姥姥是一位勤劳善良的传统农家妇女，每天都会烧出不同样式的菜肴，有扁豆花炒韭菜、鸡蛋蒸虾米、油炸小鱼等长荡湖特有的美味，可谓回味无穷。一天，父亲与他小舅钓来了许多湖里黄鳝，舅姥便随手拿来，用黄鳝做了三道菜：段鳝炒洋葱、鳝骨冬瓜汤和鳝血炒韭菜。

鳝肉。鳝肉的鲜美及营养无须多言。关于鳝肉的烹饪之法，清朝袁枚《随园食单》的记载更具说服力：鱼无鳞者，其腥加倍，须加意烹饪，以姜、桂胜之。袁枚所举段鳝之例：切鳝以寸为段，用酒、水煨烂，加甜酱代秋油，入锅收汤煨干，加茴香大料起锅。或先用油炙，使坚，再以冬瓜、鲜笋、香蕈作配，微用酱水，重用姜汁。

鳝骨。鳝鱼肉之鲜美众所周知，但是无肉的鳝骨却常常被人们随手丢弃了。

其实，只要用心琢磨琢磨，鳝骨也照样可以充分利用，虽然不可能与鳝肉相媲美，但是仍然可以做出精致可口的美味佳肴。尤其值得一提的是，鳝骨含有人体必需的钙、磷等元素，具有疗虚损、健骨骼的功效。冬瓜具有清热解暑的功效，鳝骨冬瓜汤再加点虾米提鲜，实在是人间美味。

鳝血。鳝血在多数人的眼中却犹如鸡肋，食之无味，弃之可惜。其实不然，据临床应用表明，鳝血对治疗面部神经麻痹和慢性化脓性中耳炎有特效。韭菜清炒鳝血味道独特，更能促进食欲。

“人尽其才，物尽其用”贴合当下科学发展观的精神，而“黄鳝三吃”这样让食材物尽其用的做法，相信会让更多的人接受，并能学习制作和品味黄鳝这一高营养美食。

（作者系《洮湖》杂志原编辑，现供职于常州天宁区法院）

水乡的红烧鱼

倪洪祥

放晚学时分，办公室的于老师，还有李老师他们几个提议，好长时间不聚了，便堵在门厅里凑“饭局”。

大家有说有笑地来到学校附近的园林大酒店。听人家说，这里价廉物美，风味独特。

众人点完菜后，我向服务员要了个民间广为流传的“十碗头”之一的红烧鱼。

看着端上桌的红烧鲢鱼，香喷喷的，色彩也诱人，我食欲大振，情不自禁地拿起筷子夹了一小块，果不其然，味道鲜美，唇齿留香。这色、香、味俱全的佳肴，就是胃口不好的人看了，也会不由得舌底生津的。是的，金坛水乡之水都是如同长荡湖一样的仙水，出产的鱼烧起来就是别具风味。

餐后，我站在落地玻璃橱窗前，向师傅讨教。他一边准备红烧鳗鱼，一边娓娓地向我道来：

原料：鳗鱼 1 斤，生猪油 5 钱。

调料：葱段 1 两，黄酒 5 钱，白糖 6 钱，醋 2 钱，麻油 2 钱，酱油 1 两，味精 3 分，熟猪油 1 两。

只见他动作麻利地将鳗鱼喉管剪断，在肛门处剪一小口，用两只竹筷从咽喉部插入鳗鱼腹部，将肠子从喉管中卷出来。用七成热的水，泡去鳗鱼身上的黏液，斩头去尾，切成一寸五分长的段，洗净。将生猪油切成小丁。

待锅烧热，放入熟猪油 5 钱。加葱段后，将鳗鱼排列在葱段上面，鱼上面又放上生猪油丁。烹黄酒，放姜片，加水 1 斤，用旺火烧沸后，改用小火焖煮 20 分钟。

等到肉酥烂后，去掉姜片、葱段，用旺火烧，并加酱油、白糖、醋。烧至汤汁收浓，浇上熟猪油，转动锅，淋上麻油。他动作娴熟，起锅装盆，真是香味醉人。

他还特别关照，糖，对鱼的整体口感有大大的提升作用，是鱼肉更加鲜美的秘诀，而葱与醋不仅有除腥作用，而且可使鱼更香更好吃。鲤鱼、青鱼、草鱼、鳜鱼、黑鱼都可作原料。

我喜欢红烧鱼，得缘于孩提时代。老家毗邻汀湘湖。每年隆冬，渔业社大肆捕鱼，捉鱼佬隔三岔五地在我家“打伙”，常常是里、外锅烧得满满的。不过佐料也很简单，以盐为主，加之少量的油。没有糖，就用糖果（糖精）取而代之。因为那是计划经济、物资匮乏的年代，人们饔飧不继，粮、布、日用品统统凭票供应。那年那月，别奢望见到点鱼肉荤腥。我遇上这样的“口福”，欣喜若狂，仿佛小孩过年似的。从那起，岁月留痕，就对红烧鱼情有独钟，并且铭心刻骨。

改革开放后，老百姓的日子越来越好，人们所向往的红烧鱼在寻常百姓家的餐桌上随处可见。

我们家有时因为忙顾不上烧红烧鱼，两个上学的孩子便会提醒我——老师说小孩吃鱼能促进大脑发育，提高智商。

现在，红烧鱼成了我们的家常菜，家里来了亲戚朋友，如果少了这道菜便成了缺憾。

红烧鱼给人无穷的享受，人们只知道它营养丰富，可其药效作用，知之者并不多。鱼肉含有人体所需的多种氨基酸，不仅可以降低血液黏稠度，预防血管不畅和动脉硬化，而且对人的视力较好。历代医家都十分推崇食鱼。

我钟爱红烧鱼，还因为吃鱼可延年益寿。据世界卫生组织调查，最有名的长寿国是日本。日本男性、女性平均寿命分别为84.72岁、87.6岁。日本的长寿地区是海边，而海边又是吃鱼最多的地方。

虽然我做红烧鱼的水平与厨师相差甚远，但是我一直在研读食谱，钻研厨艺，从未间断。

我在遐想，总有一天我能做出美味可口的红烧鱼，让各位同仁可以大快朵颐。

（作者系退休语文老师、《洮湖》杂志原编辑）

年年鲍鱼香

李春云

每年春节的时候,鱼都是新年盛宴的主角。此时,母亲都会精心烹制一道大菜——糖醋鲍鱼,极受全家人喜爱。

首先从菜市场买来大段新鲜的青鱼或草鱼,鱼头直接切下和豆腐同炖,先大火再文火,蒸煮炖焖,熬成一大锅美味可口营养丰富的鱼头汤。虽然不比天目湖砂锅鱼头汤的享誉天下,但是浓浓的汤汁、醇厚的乳味、扑鼻的香气、雪白的成色、青嫩的葱花、劲道的豆腐、稳重的鱼头、蒸腾的热气,一家人围坐一桌,你夹一块,我盛一碗,好不热闹好不喜庆,天目湖鱼头汤再名大气盛,也不比咱的亲切温暖啊。

吃完饭,一大家子人拍拍屁股抬腿外出,办事的办事,上学的上学,上班的上班,只剩下母亲一人在家又马不停蹄地忙活起来。

首先将剩下的大鱼段子剖开、去鳞、洗净、晾干。

然后将干的鱼切成排骨形小块、薄薄长长的片段状放入盒中。

接着将嫩葱、生姜切片,加入少许白曲酒,一同放入鱼盒里用来浸泡鱼片,大约 3 小时。浸泡时,要把鱼片上下翻一下,目的是把佐料浸透在每片鱼中。

接下来便是在锅里支上大半锅的油,将锅烧热,调成温火,把炝好的鱼片,一片一片地放入油锅中煎炸,要慢慢地炸。这时候数字很重要,也就是不能太多块搁一块儿油炸,必须只有三四片、四五片的样子一起放铁锅内,只要放入油锅的鱼片能够留有可翻身的地方,并且就着千万分的耐心、摇啊摇的小火、熬啊熬的精神,终于熬成了阿香婆辣酱一样上乘之心。此时这般,可千万不能心浮气躁,一堆儿地捅下锅去,三下五除二地一锅猛炸乱炖。这样的话,一定是焦的焦、生的生、涩的涩、苦的苦,肯定不会有啥好的色香味的。

这时候细节也很重要，煎炸的过程中火不能太旺太大，要时刻看住鱼的颜色，由生变成白便立即翻身再炸反面，然后炸一会儿鱼片变色就拣起来放入盆中。也就是说，得耐心地看着这些个鱼段子一片一片地下入锅中，小火儿热油儿一点一点地慢慢煎、慢慢熬、慢慢热，从青草色逐渐变成金黄色后起锅。以此类推，将第一遍炸好。

然后按照第一遍炸法，再炸第二遍。但是要注意时间，炸到鱼颜色变成金黄色，千万不能炸成黑红色，否则成了"黑脸张飞"，就没"红脸包公儿"好看了。在炸的过程中，盒内的生姜、葱，拣到一边，不能搅拌和鱼片同炸。

等第二遍炸好，鱼片全部熟透，把锅内热油倒入油盆中，放入一些生姜末、葱末，倒入油锅炒一下，然后倒入菜油、糖、醋等烧滚后，尝一下味道咸淡，再少放些味精，盛出。将佐料倒入炸好的鲍鱼中，便成香喷喷的鲍鱼，即可食用了。

好啦，热腾腾的糖醋鲍鱼闪亮登场隆重出锅啦。

您瞧瞧，这均匀匀的身段儿，鲜黄黄的色彩儿，香喷喷的气味儿，要多匀称就多匀称，要多精神就多精神。

吃的时候，先将底下浸了佐料的鱼片儿夹出来吃掉。这样垒在上面的鱼段便会自然下沉，再浸到佐料里。如果隔天食用，味儿入鱼，也是很好吃的。每次都是那么脆生生、油晃晃、鲜亮亮、香喷喷、甜津津、咸丝丝的。无论当盘菜设宴成席招待客人，还是自己家当菜一家人享用，或者吃泡饭或白饭是佐搭，都是美得不得了的菜呢。

我想：天底下，也许也只有母亲可以做得了这样的活儿了。您看那，油烟四起的厨房、呛人扑鼻的油烟、噼里啪啦的煎炸，对年轻人都是考验和折腾，更何况年老体弱的母亲呢。尤其是母亲年轻时太过劳累得过严重的气管炎，一到冬天就成天咳嗽，是最不能闻油烟味，煎炸菜肴的了。而且母亲年纪大了，有严重的腰椎颈椎的毛病，长时间的烹饪烧煮，腿和腰都吃不消的。但是，她总是极有耐心，每年都把每一道菜做得那么美味可口、丰富多彩、完美无瑕、芳香可人。每次我们大快朵颐的时候，都是母亲劳累一整天的时候啊。

可是，世间，只有孩儿吃得香，哪见母亲脸色乏啊。经常，我们也劝母亲休息，我们可以到外面买现成的，不要那么劳累。但是母亲总是不答应，怕破费。我们也尝试过几回买现成的，确实也总不如意。首先说那油，不说那是煎炸了一遍一遍又一遍的千滚油，能够不是地沟油就不错了，总是一股油耗味儿，不够新鲜，哪有母亲自制的鲜嫩呢。再说那味儿吧，虽然鲜，但是仿佛太鲜，虽然有甜，但是太蜜，而且现在市场上的现成菜里的香精、色素、添加剂太多太多了，鱼龙混杂让人防不胜防，确实还是母亲自个儿做的鱼最好吃、最放心、最营养。

母亲常说:“现在人们生活水平都提高了,饮食要讲究营养。常言道:四条腿的不如两条腿的,两条腿的不如没有腿的。你们要多吃白肉,少吃红肉,吃出健康,吃出美味来。”

于是,年年鲍鱼香,只因母亲忙。

(作者系常州市作家协会会员、金坛区作家协会理事)

三、美食流芳

紫驼之峰出翠釜，水精之盘行素鳞。
犀箸厌饫久未下，鸾刀缕切空纷纶。
黄门飞鞚不动尘，御厨络绎送八珍。

——摘自杜甫《丽人行》

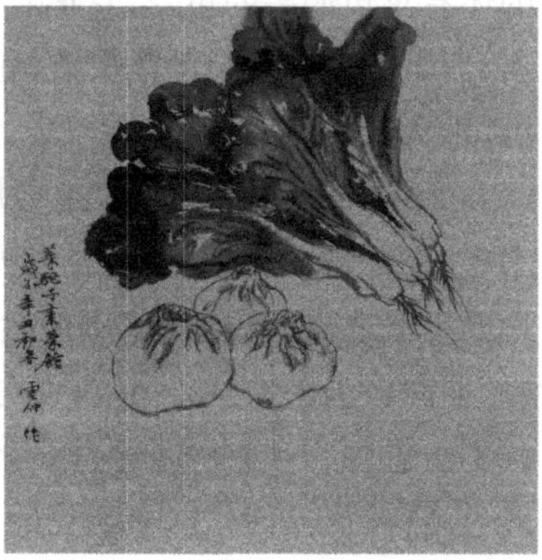

菜驼子素菜馆

徐云子

抗战前的金坛老城内，小沿河巷南段（今沿河东路北新区下至太平弄口）曾是商业繁华地区，店铺林立，几十步长的一段小巷，有鸿来阁茶馆、鼎盛炒货店、鸿福斋南货店、朱义兴饭店、菜驼子素菜馆等，这些店铺都颇具规模，生意兴隆。

顾名思义，菜驼子素菜馆专营素食，在古城中唯此一家，别具特色。店主姓菜，背有点驼，人们都称他“菜驼子”，他的素菜馆也被称作“菜驼子素菜馆”，真正的店名倒被人们淡忘了。

有趣的是，素菜馆对面是朱义兴饭店，散发出鱼、肉、鸡、鸭的香气，素菜馆弥漫的是阵阵的麻油香，二店毗邻，一荤一素，荤素搭配。

菜驼子素菜馆里所有的菜肴都是素菜，不沾半点荤腥，其主要原料除蔬菜外，靠豆制品和面筋“唱主角”，火腿、大肠等本是荤菜名，但素菜馆在前面冠一个“素”字，称素火腿、素大肠，经过精心烹制，一样不同凡响。我小时候吃过一次素火腿，舌尖上似乎还留着一丝芳香。素火腿外表呈现棕红的琥珀色，香味浓郁，柔中有韧，咀嚼起来回味无穷。我看到一些喝酒的人，用素火腿下酒，咀嚼时一脸惬意的样子。

我印象最深的是菜驼子素菜馆里的素汤和菜包馒头。那时候，我早晨随祖母送早饭去祖父供职的青莲茶馆，要经过菜驼子素菜馆门口，总要看一眼门前长桌上的素汤和菜包馒头，并且要伸长鼻子，闻一闻那种撩人情思的香气。

有一天，祖母终于买了一碗素汤和三个菜包馒头，给我当早饭。我高兴得又蹦又跳。亲口品尝，对它们看得更真切。碗里的素汤中，几片青菜和香菜的绿叶，衬着淡黄色的金针菜、豆腐皮；几朵黑木耳与白色的汤汁相映，黑白分明。如果喜欢吃辣，在碗里放些辣椒，真是五彩缤纷，格外鲜艳。再加上香油和香菜的香气，我的胃口被调动得达到极致。菜包馒头虽然是素的，但味道甚好，馅心除青菜外，有细小的粉块，像斩碎的肥肉，吃在嘴里软绵绵的似有一种“肥”的感觉。据说馅心里还有香蕈和笋尖。我那时年幼，舌尖不老练，吃不出来。犹令我难忘的还有菜包馒头的色彩，它馅心大，皮不太厚，那绿色的菜汁渗透出来，却并不溢出，而是含蓄在白色的皮子内，很像今天收藏界所说的A级玻璃种翡翠，绿色深沉，水头十足。

20世纪80年代中期，我参加江苏省钱币学会《中国铜元资料选编》的编纂工作，去扬州搜集资料时，曾去国庆路上的富春茶社品尝名点“翡翠烧卖”。它薄薄的皮子透出绿色，如翡翠般色彩斑斓。扬州是名都大邑，人文荟萃，“扬州八怪”即闻名天下。连小小点心也取了个风雅而富贵气的名字——“翡翠烧卖”。我不由想到当年菜驼子素菜馆的菜包馒头，那色彩并不比扬州富春茶社的烧卖逊色，竟没有人给它取个响亮的名字，其实称其为“翡翠馒头”也当之无愧。

曾经辉煌一时的菜驼子素菜馆，在日本侵略军占领金坛时，与这繁华地段的其他店铺一样全被烧成了一片废墟。

如今还知道菜驼子素菜馆的人已很少，有幸品尝过菜馆佳肴的人更少。我每次路过菜驼子素菜馆旧址，舌尖上似乎依然会泛起阵阵香味……

（作者系金坛人、文史爱好者，已故）

菜团子，菜团子

土　根

我在园林大酒店的墙壁上看到了一幅幅刻纸作品，窗花、台花、瓶花，那一抹抹鲜亮的中国红、中国蓝，都是民间一朵花，透示着植根于民间文化的柔软与坚强。

于是，我想到了美食文化，想到了一道源自民间的美食之花——菜团子。

白的白，青的青，白里藏着青，青外裹着白，白的是米粉，青的是青菜，一白二青，色彩鲜明。用青菜作馅，用米粉作皮，包成菜团子，待水开了，让菜团子“剥落剥落”下水，沸水锅里滚一滚、焐一焐，等到揭开锅盖，看见菜团子一只只浮出水面，便可以捞进碗里。这时，水雾弥漫开来，和着清香的气味，轻轻地流动在勺子里、碗里、厨房里……

记忆中的菜团子最初有一个名字，叫“解放团子”。那时，母亲把洗净的青菜或者红花草放进开水锅里漂一漂、走一走，捞上来待冷却后切碎，剁一剁，剁得细细的，再用纱布裹成一团一团的，使劲儿压一压水，捏成小皮球一般的形状，然后放进盛着米粉的瓷盆里滚一滚，染得青色变为白色。不过，米粉有限，菜团子不能粘米粉太多、太重。母亲手上的动作显得十分娴熟和轻盈。她轻拿轻放，生怕菜馅儿露出来……

“解放团子”下不得水，一下水就会“粉身碎骨”，只能放进蒸笼里蒸，几把火一燃，便可以起锅了。这时，青青的菜馅儿透过薄薄的米粉皮表层清晰地显着，混合着的青叶与米粉的幽香飘溢着，钻进鼻尖和嘴巴，起初非常馋人，非常可口的一道美食。连续吃几顿，落进肚里的全是青菜或红花草，况且没有油滋润，更没有其他佐料调味，吃着吃着，青涩味一阵阵朝上泛。我们让母亲用米粉包菜，包成真正的菜团子。母亲很长时间没有说话，我发现她眼里一道微微的泪光匆匆而飞。父亲在一旁长叹短嘘。后来，我们知道家里的米粉少得可怜，再后来，我们连“解放团子”也吃不上了。

往事并不如烟。

当贫穷的一页被时代撕成碎片，“解放团子”的印象并没有渐行渐远，而是如初清晰与真实。代替“解放团子”的是名副其实的菜团子，而且并非珍稀之食，想吃就有得吃。米粉包得严严实实，菜馅青色不露，菜馅的成分不再单调，有精肉、虾米、蛋皮、油渣等，配以青葱、生姜等佐料添了几分鲜香味儿。即使这样，如果火候把握不好，过火了，菜馅泛黄，失去青色，新鲜可口的滋味也就淡弱了。

于是，我们想起“解放团子”的原汁原味。我们明白：现代美食品种的丰富和习惯把一张张蠕动的嘴唇宠坏了，吃“刁”了，弄得天上人间不知什么好吃，吃什么好了。

后来，我们在园林大酒店吃到了别具风味的菜团子，吃到了原汁原味与精细加工融为一体的菜团子。

那米粉选用上等的糯米粉，光亮、柔绵、细滑，入口舒爽；馅仍以青菜为主，夹些野菜、少量油渣等，配以鲜香的佐料，不肥腻，无怪味，清香可口。简简单单中显出制作精细，平平常常中透示一道农家美食的品质。

从贫困时期的“解放团子”，到温饱型的“菜团子”，再到园林大酒店求品位的“菜团子”，刻录了三个时期饮食方式和观念变迁的印痕。小小菜团子，浓缩了一个时期的经济印象，留给我们无尽的思考与回味！

（作者本名葛寒，现供职于南京理工大学）

饮食断想

周尚达

饮食，吃饭也。吃是人生第一需求，人一生下来就知道吃。人只要活着就要吃。吃是每个人的头等大事，是最最普通的常识。

金坛人习惯用吃代表礼貌用语，饭后见人第一句话："你吃过吗？""吃过了。"表示对人热情、关心，是人与人之间互动的一种方式。

岁月如歌情悠悠，往事记忆如梦游。吃得合理和科学是人健康和长寿的重要因素。吃，各人有各人的记忆、经历、故事。饭店、酒家、食堂是专门从事吃的场所。半个多世纪以前，我在县委机关食堂用餐：早上稀饭、咸菜、萝卜干，中午四两米饭、五分钱青菜、一碗汤；两三天中加一块一毛钱的红烧梳子肉。这块红烧梳子肉还要在晚饭后在厨房窗口预订，拿一块竹牌子，第二天中午凭竹牌子领取。有时竹牌子丢失了，眼巴巴看着人家吃得快乐开心，自己却只能吃着青菜，那这顿饭就吃得很不舒服。那时，厨房里的厨师姓吴，北方人，大家都叫他大老吴，有时领取梳子肉时向他讨些肉汤加在青菜里，吃得有滋有味，心里感到油络络的。晚上九时下班，传达室结巴子大老李敲打下班钟，当！当！当！三遍钟声响过。几个"光棍"不约而同找个摊店用一毛钱吃五只牛肉锅贴。还想再加五只，摸摸口袋干瘪，只好用五分钱加一碗粉丝汤。吃完夜点路过司马坊大街老字号饭店"开一天"。一盏汽灯悬挂店堂中央，一位身材壮实中等个子的服务员，态度谦和、声音洪亮，在川流不息的店堂，他宛若舞台上的杂技演员，一边收碗盘，一边把客人的用餐费用向服务台报得清清楚楚。他就是"开一天"跑堂端盘子的韩金根，他端盘子端出了炉火纯青，端出了风度，端出了典雅和诗意，端出了司马坊一道风景，他的吆喝声似一股旋风把路过的行人不知不觉地卷进了店堂。

"开一天"久兴不衰，名传千秋。数十年以来，我接待外地客人都要以"开一天”的历史为美丽的佳话传颂。20世纪80年代，“开一天”又出了一位特级厨师于涛涛，他和徒弟张志远，既继承当地传统又引进外地技艺，烹调技术有了大发展，其中“痴鱼炒粉丝”“银鱼焖蛋”“香油鳝糊”“香蕉排骨”“鸡汁兰花干”“芙蓉海斗”盛名全市。特别是清蒸狮子头，我最喜欢。一盆热腾腾的白菜清蒸狮子头端上桌，香雾缭绕，使人神清气爽，顿时胃口大开，垂涎欲滴，食欲大增，挥筷吞咽一个肥而不腻、润滑嫩淡的狮子头下肚，回味无穷，不是神仙胜似神仙。

如今“开一天”发扬传统，清蒸鸭饺、蟹黄小笼包、嫩姜响油鳝丝面，改变了市民们的早餐结构，早上生意火爆。

世界一切事物每时每刻都在发生深刻变化，新生事物不断涌现，园林大酒店已聚焦了人们的视线。园林大酒店是饮食业中后起之秀，饮食文化注入了企业，走进店堂，翰墨飘香，一幅幅花鸟画、山水画、书法挂满餐厅走廊，璀璨夺目。在园林大酒店用餐，既是物质改善，又是文化享受。园林大酒店菜肴迥异，以传统与现代烹调融汇。2012年3月桃红的春天，于园林大酒店接待镇江客人，道道新鲜适口的菜肴吸引了客人，客人个个露出了满意的笑容。“云飞月走天不动，浪打船摇道不移”，席毕，相继道别离开酒店，但酒店和蔼、热情的服务，一片浓浓的情，如一幅美丽的图画，嵌入每个人的心中。

（作者系江苏省作家协会会员，曾任金坛县县长）

吃一碗豆腐脑儿

刘一默

那日，特意到早饭铺去吃了碗豆腐脑儿，看着豆腐脑儿里滴了几点香油，豆腐干丝和着榨菜、香菜，还撒了些芝麻在上面，就有了食欲。早点吃完，想着还早，就沿着街道散漫地走着，我又一次徜徉在丹阳门中路，宽阔的马路在来来往往的车流中显得格外重要，一幢幢高楼鳞次栉比地排列着，我不得不佩服金坛这座小城发展的速度。

我走着走着，仿佛看到了记忆中的那个“皇冠酒家”，邻近春草塘新村，背后是老二中的围墙。20 年前，“皇冠酒家”其实只不过是一个经营着早点生意的小吃店。早点是包子、油条、豆浆、豆腐花。没有人还会记起这个铁皮搭建的棚户酒店，但对我来说，那就是我童年记忆在这里，我度过了童年五六年的时光。时间就是这样充满着魔幻色彩；如今，我站在这里，周围的一切顿时让我产生玄幻感。脑子里想着 20 年前的人和事，眼前的一切似乎和当时是一点关系都没有了。

20 年前，父母脱离土地，从农村到城里来讨生活，从别人手里买下这间铺子，我从来不习惯称呼这个铺子为酒家，虽然屋顶竖着个高高的霓虹灯的招牌“皇冠酒家”，然而 20 世纪 90 年代的这个酒家就是个铺子，“早点铺子”的称谓似乎更加合适。

每天清晨，父母 4 点多钟就会起床。把前一天晚上泡好的黄豆倒进豆浆机，通上电，豆浆机发出刺耳的工作音律，豆浆就从一端源源不断地流出，随后，父亲将磨好的豆浆倒入一口很大的铁锅，开始煮豆浆。煮豆浆用的是柴火，这样煮出来的豆浆才更温和。母亲把发酵好的面团摊开，分成若干个小团子，压平，开始包包子，每只包子都塞了满满的馅，肉包、菜包、实心馒头。样式不是新的，可是味道很好。天空微微泛蓝，还有星星在天空眨眼，鼓风机就开始在炉脚下呼呼地转动起来，给高高的蒸笼吹足了力气，15 分钟到 20 分钟，包子就蒸熟了。新蒸出的包子热气腾腾，松软肉香，勾足了人的食欲，我曾经一口气吞下 10 只包子。现在想来，倒有些佩服当时十三四岁的我了，竟能有如此好的胃口。豆浆煮熟了，父亲将豆浆倒入一个不锈钢的桶内，开始用石膏点浆，这是有讲究的，石膏用多了，豆腐花就老了，吃起来没有滑爽的口感，若是少了，豆腐花就没有凝性，吃起来太碎，没有质感。豆腐花的配料也是有讲究的，要有芝麻油、剁碎的花生、香菜、碎榨菜、香干粒等，吃时，将这些佐料拌在一起，再配上酱油、辣椒酱、醋，别说吃，闻起来就感到纯香入味，那吃起来真是香在口里，美在心田。

那时，母亲常常在豆浆煮沸后，盛上一碗，放在旁边，等我早上起来喝，豆浆只需加上一勺白糖，它的美味已经足够让我感到舒爽了，如果用一根油条泡在豆浆里，那油条的脆性遇到豆浆的润性，相互浸润，吃到嘴里完全是另一种美味了。

早餐时间开始了，来得最早的很多是学生，因为后面就是二中的围墙，早上常常听到学校里的高音喇叭播放着《运动员进行曲》，我知道那时候学生们开始早锻炼了。还有些人拿了器皿过来打豆花，带回家吃早餐的，回到家，一碗一碗地盛在桌上，一家人在一起吃早饭，那是多么温馨而又幸福的家庭啊。

那个年代，是一个充满着变化与机遇的年代，终于城市发展的步伐带动了城市环境的改变，这个不起眼的早餐铺子也不得不退出历史的舞台了，城市开始了拆迁，父母经营的早餐铺子只不过是些铁皮而已，最后竟然在 2 000 元的补偿下消失了。那时我在想，我曾经玩过一把玩具刀遗留在那堵墙缝里，不知道拆迁的人会不会发现它，如果没有发现它，那它也随着时代发展的洪流滚滚向前了。我的童年就在那间早餐铺子里留下了抹不去的记忆。

现在家里有了小型的豆浆机，泡好豆子，豆浆也一会儿就好了，可是却再也吃不出童年的美味了。我常常想到街头的小铺去吃一碗豆腐花或者豆浆，其实，与其说去吃豆腐花、豆浆，倒不如说我实际上是去找寻一份属于我的童年记忆。因为在童年的豆腐花里，我看到了父母为生计打拼辛苦的情形，我看到了父母对我的那些关爱，也看到了忙忙碌碌的人群里那些质朴勤劳的金坛人简单而平淡的生活！

（作者本名刘伟，江苏省作家协会会员、金坛区作家协会副主席）

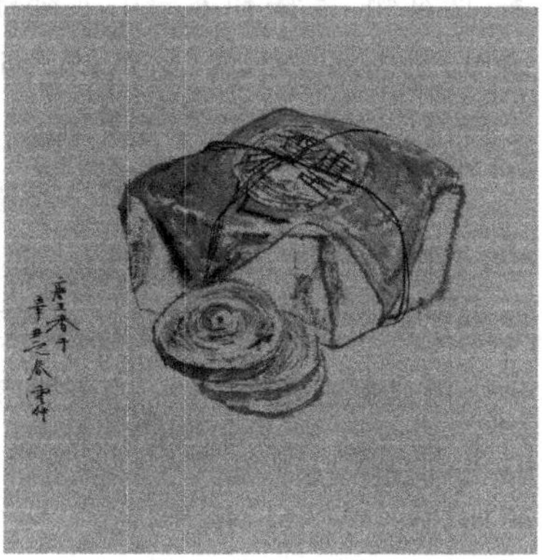

唐王香干

韩献忠

说起唐王，我不只是熟悉，因为那是我的老家。说起唐王香干，我更有发言权，因为这小小的香干，还有那个唐王小镇，伴我度过了那段青涩年华，也使我那段记忆丰盈起来。

提到唐王香干，要说的有三个人，一个是做香干的人，一个是吃香干的人，还有一个是写香干的人。

先说做香干的人，他叫周锁洪，家住在唐王街北河边的小巷子里，门朝西，紧靠轮船码头。老周有女无儿，女儿出嫁了，老伴去世早，就一个人过日子。虽然上了年纪，但身板还硬，就架起少时家里磨豆腐用的小石磨，开始磨磨小豆腐，做做小生意。老周做做歇歇，权当锻炼锻炼筋骨。一天傍晚，从城里回来的女儿带给他一包豆腐干，他吃了觉得味道不错，还说这香干要是自己做，肯定更好吃。

几天后，老周还真的做出了自己的香干。做香干和做素鸡差不多，就是裹素鸡的纱布要扎得紧一些，做出来后，再切成一片一片的，放进锅里，用柴火烧煮，煮透了，再焖十几分钟，然后捞出摊放到筛子里自然晾干即可食用。老周香干的味道一出来，就成了抢手货。都说味道与众不同，色质素净，味道醇厚，吃到嘴里有韧性，完全没有烂糟糟、黏糊糊的感觉。吃饭喝粥好吃，看电视听广播当休闲食品嚼几块倒也优哉游哉，若在喝酒时，加上一盘香干，沾上酸菜辣椒，或者与马兰头、香菜凉拌，更是美不胜收了。

老周说他煮香干的汤很讲究，他小时候在县城的磨坊里打过工，悄悄学到了秘方，要加好多种佐料。别人问都是些什么佐料，老周说了些葵香、八角、酱油、味精等大路货。

起先，老周的香干每天只做两筛子，约莫十斤，也不上街，一大早直接放在门口，起早上街买菜的人，顺便带上一两斤，加上每天坐早班轮船进城的人，也带点给城里的亲朋好友尝尝，两筛子香干根本供不应求。后来老周叫来女儿、外孙帮忙，每天香干由两筛子做到了七八筛子。渐渐地，喜欢吃老周香干的人越来越多，连常州、无锡和上海的人都知道了老周香干。老周在自己两间小小的香干作坊里，每天不紧不慢，依然就做那么多香干。老周说不够卖不要紧，买不到的人明天可以来买，做多了卖不掉浪费就可惜了。

接下来说吃香干的人。吃香干的人很多，有一个人我不得不说，他叫王国成，是唐王广播站的老站长。那时广播站就一个人，老王既是站长又是职工，后来添了一个播音员，老王还要值班兼播音。老王工作几十年从来不马虎，过去有线广播是党在农村唯一的重要喉舌，广播线就是生命线，保证线路畅通成了老王的头等大事。夏天蚊虫叮咬，老王倒点烧酒一涂就对付了；冬天寒风呼啸，雨雪交加，哪个村上广播不响了，一个电话打过来，不管白天晚上，老王套上旧大衣，一肩挎上电线，一肩扛起竹梯，临出门还不忘往大衣口袋里塞上一瓶几角钱一斤的土烧酒。大人小孩都知道老王喜好一口老酒，酒量不大，三餐不离，菜不菜无所谓，有酒就行，眼睛一睁就摸酒瓶。老婆叫他："不能少喝点啊?"他憨憨地说："不喝手发抖啊!"老王说的是实话，老王将梯子靠在和手臂差不多粗的广播线杆上，爬上去装瓷瓶接线，凛冽的寒风中，不懂一点技巧，不要说接线，就是爬上去都难。为了防止手脚颤抖，每回老王都是喝几口烧酒对付。线接上了，广播也响了，老王心头热乎乎的，是因为酒，也因为老百姓的笑脸。过去乡下老停电，停电不能停广播，因此广播站就专门架了一台柴油发电机，发电机噪声大，自然不能靠广播站，就在河边上找了间空房，那空房就在做香干的老周隔壁。老周不怕吵，因为老王来发电开广播时，老周的香干已下锅煮了。老王发起电开了广播，就过来帮老周烧烧火，倒倒水。要是出去修广播线，老周还要再给老王另一个大衣口袋里塞几块新出锅的香干，让他喝酒前吃，空肚子喝酒伤人的。

最后说说写香干的人，这个人就是我。那时我在乡里写报道，自然跟老王接触就多了点。一次老王在外面修广播线，回头递给了我一个小纸包，叫我尝尝好东西。我打开来见是一块香干，吃一口味道不错，一块吃完了还想吃。老王就一块，没有了。我问是哪里的？他说是老周做的，让我去老周那里，也可以写篇报道，在县广播上播播的。当时乡里正在宣传农村勤劳致富的典型，我就去了老周的香干作坊，了解了一些情况，回来写了一篇《生财有道有财生，小镇香干香小镇》的报道，寄给了当时的县广播站，几天后，县广播站播了出来。我坐在办公室等老周上门感谢我，或许还要带几斤香干给我，可一连过去了几天，老周也没来。我以为他忙了走不开，一天中午竟屁颠屁颠地主动登上了他家门，本指望老周会如何如何感激我，谁知刚一进门，就被他一阵怪罪，说我不该写，广播上不播，他做香干卖香干——当当的，就是我一写，在广播上一播，买的人多了，自己来不及做了，买不到的人抱怨连天，有的人还跟老周吵，刚刚还有一个人吵着走了。

我哭笑不得，无话可说，只得悻悻地离开，刚到门口，老周追出来，将一包香干往我手上放，说："这半斤香干是留给自己吃的，我明天再吃，你先拿去吧！"

我一时懵住了，不知是接还是不接。

老周不高兴了："刚才我是说给别人听的哇，你还真跟我生气啊。"

后来，我时不时去帮老周推磨挑水，生产量大了，还帮他到乡下买黄豆。再后来，老周年纪大了，他就让在厂里上班的外孙辞了职，跟着他做香干，老周便把精湛的手艺技巧和煮香干的秘方传给了外孙。外孙年纪轻，思路宽，眼界高，把小小的香干做成了一项大事业，先后投资 200 多万元，创办了唐王香干食品有限公司，并且申请了专利，注册了"唐王"牌商标，做出了数十个系列产品，还通过了食品质量体系的认证，小小香干不光在金坛、常州享有盛誉，还远销到外省市和东南亚国家呢。

岁月远了，记忆近了。

因为小镇，因为这小小的香干，回味中更添了一份醇厚、一份情趣、一份亲切。

（作者系江苏省作家协会会员、常州市作家协会副主席、金坛区作家协会主席）

难忘麻鼻子豆腐

邓云华

民以食为天。在我吃过的众多小吃及菜肴中，最令我啧啧赞叹的莫过于6年前在社头大酒店吃过的麻鼻子豆腐了。

真所谓“麻雀虽小，五脏俱全”，麻鼻子豆腐虽只是一种普普通通的家常小菜，却色、香、味、形俱全。看一看、闻一闻都让你垂涎三尺，立刻有了食欲。那桌上的麻鼻子豆腐，香嫩，和着肉末花椒笋丁的鲜美，从嘴里直沁心脾，让人至今难以忘怀。

麻鼻子豆腐，原来叫泥豆腐。说起“麻鼻子豆腐”的名字，的确颇有渊源。它的创始人叫方春林，社头人，乡村大厨，现退休在家颐养天年。1956年5月20日，社头大众饭店成立之时，方春林便当了一名跑堂（现叫传菜员），一个人负责跑13桌，辛苦可想而知。然而，方春林不满足于当跑堂，他边做边学，很是用心。1965年，他作为金坛农民厨师代表，被选送到扬中参加“民间菜”评比，他做的滑炒猪肝、肉末粉丝受评委称赞，炒泥豆腐则荣获大奖。从此，方春林的厨艺声名远播。

改革开放后，饭店搞起了对外承包，方春林盘下了饭店，自己开起了社头饭店，并把获奖菜肴作为店里的招牌菜，招待来往顾客。尤其是他做的炒泥豆腐，又特别有风味，因此，生意越做越红火了。

不料这竟引起了同行一家饭店老板娘的嫉妒。老板娘见方春林的饭店生意异常火爆、食客络绎不绝，便又气又眼红，就在顾客面前说方春林的坏话，说他是“丑八怪”“妖怪”，是麻子。方春林是个胸怀大度的人，面对这一切，他不屑一顾，不露声色，下气力做自己的生意，后来，他干脆在自家门头挂起了一块大招牌“麻鼻子豆腐”。后来这个店名声愈来愈大，“要吃好豆腐，去找方师傅”，从此就在金坛城乡传遍开来。弹指一挥间，这一开就是6年，随着方春林的年龄增长和身体衰老，更为了使这道菜不失传，1993年，方春林的儿子方来忠在社头镇开了社头大酒店，方春林将这道特色菜——麻鼻子豆腐，亲自传授给了方来忠，一饱几代乡亲们的口福。据方来忠回忆，几年前，来吃饭的一桌客人竟要了18盆麻鼻子豆腐，创造了一次吃麻鼻子豆腐的奇迹。如今，社头已撤乡并镇，为了让更多的客人吃到正宗的麻鼻子豆腐，2012年6月30日，方来忠在市中心的华城中路开了一家新饭店——开一天分店。2010年，经方老先生同意，方来忠对菜肴进行了改良，麻鼻子豆腐被作为金坛餐饮文化特色菜在江苏盛世桃园等5家酒店传承下来。

据方春林说："麻鼻子豆腐的主料豆腐，要选用本地产的黄豆，要用石膏点化豆浆的豆腐，不可以太老，要浸水两次，用力压去豆腥和黄水，和着猪肉末、黄酒、开洋（或虾仁或蟹黄）、辣椒、榨菜丁、笋丁，用文火，见汤汁渐渐收入豆腐时撒花椒一把，才起锅。"那色、香、味、形叫人垂涎三尺！

价不在高，质佳则名。一盆普通的家常菜肴麻鼻子豆腐，能吃出人生的况味：在不显眼的事物中找到真理。只要你仔细观察平凡的生活，生活的乐趣无处不在！

（作者系江苏省报告文学学会会员、常州市作家协会会员、《洮湖》杂志编辑）

相思羹

李志华

夕阳带着绚丽悄然退去，暑气在夜幕中渐渐消散，夜色匆匆，车人匆匆。

城市的霓虹灯卖弄着妩媚，风情万种，又是一年的端午节，我独坐窗前，一边欣赏流光溢彩的街景，一边吃着母亲从老家捎来的粽子，顿觉心灵深处那扇记忆之窗，被思绪的手轻轻推开，一缕温馨的故乡气息，扑面而来，那样的清新，那样的怡人。

艾草青青，粽香浓浓。在这个飘香的节日，恍惚又回到了故里，回到了儿时，也是在这插秧季节，母亲总是忙中抽闲从水塘边采来苇叶，晚上在那昏暗的灯下小心制作糯米粽，母亲包的粽子瘦瘦的、长长的、严严的，俨然高挑女模特窈窕的身段。末了还亮出了几个玲珑小巧的菱角粽，而我则忙于用彩线编织网兜，一锅粽香在屋里飘荡，我守候在灶旁，祈盼那咸鸭蛋能装进网兜，挂在胸前，然后去村中炫耀。

思念恰似一杯醇香的故乡封缸酒，离开故乡越久，思乡之情越浓。粽香里有着村中那沟痕深深的井石，一村老小总喜欢端着碗在那井台边笑语；粽香里有着村旁小学的琅琅书声，伴着那操场上一锅忆苦思甜的羹餐；粽香里有着晒谷场上的碗碗麦茶，欢唱着乡亲丰收的喜悦。粽香里溢满故乡款款素影，这样的日子，思念如池水缱绻，在我的微笑里，在我的畅怀中激情荡漾。

思念又如一杯浓香的金坛雀舌茶，恬静而怡然，让你心中也浮起一层薄雾，增几分柔情，添几多眷恋，赏一分愉悦，抒万般感触。久离故乡的我，常想起白龙荡青纱帐般的甘蔗、野鸡山中的大栗、大浦港的鱼虾，还有那横街巷子货担爷爷的豆腐花……许多往昔梦牵魂萦，我那挥之不去而频频闪现的乡情，只叫我如痴如醉，恍然如昨。

思念中，流淌着故乡的美食。眼前总浮现参加工作时母亲为我准备的人生况味餐，一盆酸菜鱼、一碗甜米酒、一碟苦瓜、一盘辣子鸡，常回味金沙影剧院边的国营小笼汤包，曾记“开一天”酒楼潇洒的场景，难忘在唐王工作时下酒的香干，更怀念那洮湖上的船宴。

窗外，微风依旧，柔柔的月光脉脉地注视我心情的故事，公园里欢快的舞曲从窗户偷偷溜进来，亲吻粽香，缠绵我那浓浓的思情。

打开电脑，惊讶地发现高中同学聚会的消息，地点在园林大酒店，早就听说那里有道特别的美食——相思羹。

（作者系退休中学老师）

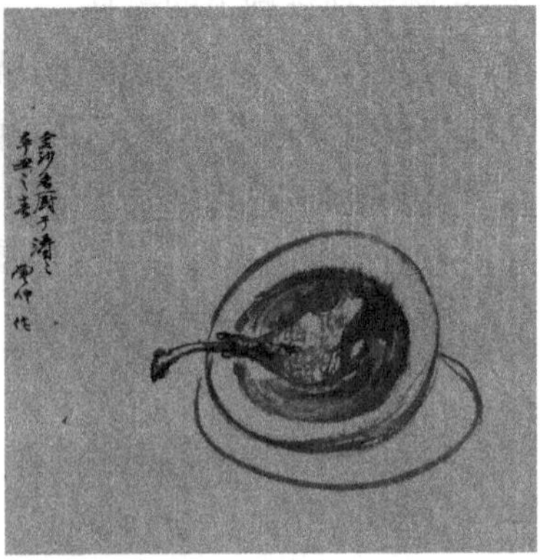

金沙名厨于涛涛

程福勤

人们只知道洮湖夜月美丽动人，只知道洮湖八鲜的鲜美诱人，其实长荡湖的美景处处可见，长荡湖的湖鲜数不胜数，长荡湖的银鱼、青鱼、黑鱼、鳗鱼……同样令人馋涎欲滴；长荡湖的獐鸡、野鸭、黄雀令人遐想回味；就连长荡湖的螺蛳、湖蚌也是人们佐餐下酒的无上美味；还有吃长荡湖螺蛳、小鱼、小虾的湖上草鸭堪称美食一绝。

金坛开一天酒家大厨于涛涛就专选长荡湖放养的秋后草鸭为清蒸鸭饺的食材。

清蒸鸭饺是金坛开一天酒家的传统名菜。据说清蒸鸭饺是古代一名金坛地方官员家的私房菜“煨罐全鸭”，由于厨师待客失手把全鸭斩成鸭块演化而成。金坛厨师一代一代传承下来，于涛涛虚心好学，把金坛老一辈师父的清蒸鸭饺原汁原味地捧上开一天酒家来客的餐桌上，他的这一手绝活引得食客远道慕名而来，一睹一品为快。清蒸鸭饺曾是金坛有名的传统风味美食，二十世纪初至六七十年代，金坛鸭饺在宁、苏、沪一带颇有名气。1990 年中国名菜谱江苏分册 86 页记载：清蒸鸭饺以金坛开一天制作为最佳。

制作清蒸鸭饺要求较高，一般选择八月半过后至立冬季节湖上吃活食的 5 斤左右的羽毛丰富、膘肥肉壮的雌鸭，褪毛烫鸭要掌握好水温和时间，要达到鸭身雪白、光滑明亮；煮鸭、清蒸要注意火候和配料，鸭饺端上餐桌应汤汁清澄、香气飘溢，口感要肉质鲜嫩酥烂，肥而不腻。于涛涛在开一天酒家给他的徒弟们边讲述、边演示清蒸鸭饺的全过程，让徒弟现场实习，然后再竞技表演，让他们熟练掌握烹饪传统菜肴的技能。

于涛涛除清蒸鸭饺做到了炉火纯青的程度外，也把金坛的传统名菜全盘继承和发扬光大。蟹黄豆腐、蟹糊粉丝、蟹粉蹄筋、银鱼焖蛋、脆皮银鱼、响油鳝糊、痴鱼炒粉丝、干炸鳑鲏等传统特色菜是于涛涛带徒的主要内容,因而这些菜能一直流传至今,经久不衰。

于涛涛能掌握这些金坛名菜的技艺绝非一朝一夕的事,这是他不断学习和长期积累的结果。

1953年,16岁的于涛涛就到清河桥(南新桥)西头的隆兴饭店蔡金根面店当学徒,1956年到“也聚园”跟张志松学红锅技能,所以于涛涛的白案、红案的基础都较好。于涛涛在“也聚园”当学徒期间,他从生炉子、拉风箱、配菜学起。由于于涛涛聪明勤恳,好学会说,师父乐意、真诚地带他,师伯、师叔愿意教他,师兄、师弟喜欢与他谈心交流。虚心好学的于涛涛基本掌握了所有的红锅技能,尤其是金坛“也聚园”的传统特色菜肴。

1960年2月,金坛饮服公司派于涛涛到苏州烹饪学校进修,这是引进外地烹饪品种和技艺、提升金坛饮服品位有力的助推剂。1961年11月,于涛涛学成归来,组织各饭店的骨干培训,传授在苏州学习的精华和适合金坛餐饮的新技术以及外地的菜肴品种、不同的烹调技巧。把“梁溪脆鳝”演变成“洮湖脆鳝”,引进了松鼠鳜鱼、刺毛鳝筒等一些苏州名菜。

“文化大革命”时期,谁也不敢抓业务技术。20世纪70年代末,于涛涛被调到开一天当副主任,他先后把四个徒弟张志远、史网保、戴国文、朱和平也调到开一天配合工作。八十年代初,他与镇江培训学校的烹饪专家潘镇平、冷盘雕刻高手于家仁联系,把镇江的八大名厨带到金坛进行技术交流。金坛开一天的招牌菜清蒸鸭饺、痴鱼炒粉丝、银鱼焖蛋、响油鳝糊等由于涛涛的徒弟和开一天其他厨师一一亮相表演,镇江的水晶肴肉、镇江“三头”、清蒸刀鱼等八个大菜也一同烹制好,展示在开一天的餐桌上。金坛传统名菜和镇江传统名菜都飘散着诱人的香味,真是“八仙过海,各显神通”。开一天又引进了一批镇江名菜,不断地交流引进,不断地提高发展,各式美味佳肴丰富了开一天酒家的待客餐桌。

1986年,于涛涛带领金坛代表参加常州举办的烹饪大赛,金坛菜一举获得了一等奖,随后参加常州市举办的几届中青年厨师大赛,金坛菜均获大奖。于涛涛的“富贵满堂”、大徒弟张志远的“青锋大玉”、三徒弟戴国文的“香蕉排骨”都在常州大赛中获过奖项。

1989年,于涛涛被调到金坛饮服公司当副经理,正好上海举办国际餐饮烹饪展览会,组织金坛部分厨师去观摩学习,于涛涛把他的徒弟,徒孙也带去领略各国的风情美味。来自各个国家、地区的美味佳肴琳琅满目,让人应接不暇,大开眼界。

具有丰富烹饪经验的于涛涛不断进取,经过反复研制,创新了八宝鸭。原料也是选用长荡湖放养的草鸭，并配以虾仁、干贝、香菇、冬笋、火腿、莲子、银杏、糯米等，制作要求有一定难度，在鸭脖子上开一个口子，取出内脏，剔除骨头，放入八宝原料，扎紧鸭脖，先蒸后烧，整鸭必须烂而不破。为了八宝鸭的色、香、味、形、趣俱全，于涛涛又动足了脑筋，把八宝鸭做成葫芦形，让八宝鸭更具有艺术性，就是葫芦八宝鸭，这样难度就更大了。他把鸭大腿的骨头留着，对撑着让鸭的下半段成为葫芦底部，灌进八宝料，在鸭翅膀下扎一道绳成为葫芦的腰，把鸭头藏进鸭脖子，让鸭嘴留在外面作为葫芦的口。放进蒸笼里一蒸，蒸汽让整只鸭鼓成了一个标准的葫芦。用酱油一浇给鸭葫芦上色，然后用烧滚的油不断地浇，鸭葫芦逐渐变成了金黄的葫芦。放好佐料，清蒸或红烧都可以。当一只八宝金葫芦鸭端上餐桌时，轻烟飘飘，香气缭绕，金黄夺目，让人口舌生津。于涛涛经常把他的八宝葫芦鸭和金坛的传统名菜搬上大型宴会的餐桌，受到了美食家和客人的啧啧称赞。由于熟能生巧，于涛涛从鸭内部剔除鸭骨只要 10 分钟左右。

1990 年，于涛涛再次到苏州学习，晋升为特级厨师职称，评委对于他自选的八宝葫芦鸭烹制演示给予了高分，江苏省人民政府为于涛涛颁发了特级厨师的资格证书。

在苏州、无锡、常州乃至南京烹饪界，提到于涛涛，人们都有较高的评价，他的烹饪技艺有口皆碑，声名远扬。林家梅、迟浩田、彭丽媛、刘晓庆这些名人来金坛，招待他们的菜肴都由金坛名厨于涛涛亲自料理，大徒弟张志远切配，三徒弟戴国文掌勺，得到了一致好评。曾有一些名人讲过"烹饪是技术""烹饪是艺术""烹饪是科学""烹饪是文化"，这些在于涛涛身上都得到了集中体现。

让人遗憾的是，这样一位烹饪技术高、管理能力强、德高望重的大厨只有 66 岁就谢世了。（以此文章以示纪念）

（作者系《洮湖》杂志原副主编）

百年老店飘香溢彩

常　金

我们金坛是一个古老而秀丽的小城，西有巍巍茅山，层峦叠嶂，树竹蔽山，藏匿着各种珍禽走兽；南有美丽富饶的长荡湖，水域宽阔，泱泱湖水养育了取之不尽的鱼、虾、蟹、鳖，“一斛水中半斛鱼”是最好的历史见证。金坛拥有独特的地域环境，孕育了民间的美食文化。

经了解，在民国时期，小小金坛县城就有四家大的饭店：也聚园，天香楼，荀记饭店，朱义兴饭店。当日寇的铁蹄践踏到金坛这块土地时，他们到处烧杀抢掠，其中的火巷朱义兴饭店就被这帮杀人放火的强盗烧毁。至 1937 年，金坛城里只剩下三家大饭店。

当时金坛较大的、生意较好的饭店是也聚园。也聚园坐落在大沿河巷地段，门朝西，正门在大沿河巷，也就是南新桥向北，在金沙广场的范围内。到也聚园来的大部分是达官贵人、富商财主。他们来到这里会客、交友、谈生意……厨师们红锅生花，把水鲜野味演绎成色香味俱全的美食，让来也聚园的宾客大饱口福。生意红火的也聚园日夜佳肴铺满筵席，香气飘溢店窗外，酒至兴起，划拳惊座。也聚园也就成为远近闻名的酒馆饭店。也聚园的名菜是蟹黄豆腐、泥豆腐、咸笃鲜（咸货烧河蚌）、豆腐嵌肉、炒杂烩等。家有贵客登门，主人会说明朝请你到也聚园吃早饭。也聚园的蟹黄汤包、浇头面也是鼎鼎有名的。只要提到也聚园，主客都很有面子。

天香楼是一个中等偏大的饭店，地处北新桥东南侧，是河房。以前金坛城河两边都有河房，河房的一面墙在水上，门在岸上。河房的上面部分大半为木板房，一般用于开店做生意。天香楼分楼上、楼下，楼上平地面，楼下在桥下。天香楼的门朝北，就在桥头边。由于天香楼得天独厚的地理优势，东头就是较为热闹的思古街。桥上人来人往，络绎不绝，天香楼的生意较红火，忙的时候，客人难找座位。天香楼这么繁忙还有个原因，就是常有想占便宜的食客光顾，他们在吃喝的间隙，把空盘子扔进河里。以前的饭店是点大小盘子算钱，所以天香楼跑堂师傅除记忆力好外，还要眼尖手快、能说会道。

荀记饭店地处北门大街的南头第二家店，坐东朝西。北门大街的南端是思古街，第一家店面是三间南货店，店主荀长保。第二家店面是荀记饭店，店主荀长庚，是三间楼房。店面房下半段是墙，两边是全砖墙。楼上是雕栏画窗。荀记饭店是由荀长庚在清朝末年开办的。由于荀长庚为人厚道，到民国期间，生意兴隆，他让大儿子荀网保做面点，二儿子荀小春做红锅，荀长庚管账房。当时荀记饭店有了自己的招牌菜：响油鳝糊、拉丝蛋等。名点是鳝丝面、蟹黄包子、小笼汤包和硝肉。荀记饭店整天香飘北门街。

民国末期杨金保在县前路（现在的南新桥西，金坛大酒店的位置）开了一家牛肉饺子店，主营牛肉锅贴（煎牛肉饺子）。七月半一过，杨金保就把煎锅敲得当当响，与小南门的王长庚敲响的锅贴煎锅遥相呼应。整个小南门一条街都是牛肉锅贴的香味。在那时，小南门一条街都是小吃店：赵荣记饭店、赵三小饭店、大洪孝饭店、烧饼店、面店……

自从日本帝国主义把侵略的魔掌伸向了中国，金坛这块江南肥沃美丽的土地上到处是豺狼的爪痕足印，也聚园、天香楼、荀记饭店也就成为侵略者疯狂吃喝玩乐的天堂，长荡湖的鱼羹、茅山的肉喂肥这帮豺狼的肠脑，他们有事没事总是到大小饭店吃饭，吞尽了金沙山水养育的美味民膏。他们常常酒酣半夜，挎着长刀，到处乱跑。

抗战胜利后，金坛这几家大酒店，因多年遭受日寇铁蹄的蹂躏，生意都很清淡，唯有北门荀记饭店生意尚可，由于荀长庚人缘好，善经营，勉强能维持生计。后来，直到中华人民共和国成立后，经过农村土改和工商界公私合营，金坛经济逐渐复苏，人民生活水平逐渐提高，这几家老店经过一段时间的改革和重组，金坛出现了四大国营饭店：人民饭店、金坛饭店、东站饭店、新桥饭店。

老字号开一天饭店原来店址在老花街与司马坊的交汇处，1958 年城河拓宽，开一天移至沿河西路（南新桥西南处）。

也聚园、天香楼虽已在历史的长河中销声匿迹，但金坛大小饭店红锅技术都沿袭了民国时期饭店的工艺流程。有的厨师就是聘用的原老饭店的师傅。清蒸鸭饺、糖醋鳜鱼等名菜又原汁原味地呈现在饭店酒宴上，飘香溢彩。经典名菜，香飘金坛城，香迷行路人。这些公有制饭店平稳走过了几十年的历史。

改革的波浪荡涤了大锅饭的剩菜残羹，也推动着金坛城里的国营饭店纷纷改制，随之又推出了一批新的大酒店，一家比一家有规模，一家比一家有档次，家家创品牌，创新自己的特色菜，势如春笋，小饭店遍地开花，小小的县城竟然造出了美食一条街。金坛人讲究的就是品味生活，享受人生。金坛餐饮业揽回传统美食，把湖中八鲜融入畅饮的情怀，让鲜味随着笑声醉入梦乡；把“大丰收”捧入了餐盘，使思绪进入忆苦思甜的画面的同时，让反璞归真挤走过剩的油脂；又在古色古香的盘碟中盛装进餐饮业新秀——社头二呆子牛肉、唐王素鸡、茅山虫草鸡、龙山豆腐蘑菇汤……

（作者本名程福勤，系《洮湖》杂志原副主编）

四、茅山珍馐

传得山缘石饭名，大宛闻说有仙卿。
分泉过屋舂春米，拂雾飘衣折紫茎。
蒸处不教双鹤见，服来惟怕五云生。
草堂空坐无饥色，时把金津漱一声。

——摘自晚唐诗人皮日休于茅山道院品尝乌米饭留诗

雁来菌

王剑飞

小蘑菇，
像花伞，
五颜六色真好看。
风来了，
雨来了，
蜗牛宝宝躲里面。

寒露前后，几场小雨，村后小山的松林间就会生出无数鲜活的精灵，一簇一簇，躲在山草里，隐在松针下，这些褐色的或者暗红的蘑菇，村上人称为雁来菌。

雁来、雁来，我国古代将寒露分为三候，一候就是鸿雁来宾，这节气中天高云淡，鸿雁排成一字或人字形的队列大举南迁。也许正是这个季节，大雁在诗人、词人的笔下多了些许的伤感，如李清照的“雁过也，正伤心，却是旧时相识。”又如另一首词中写道“云中谁寄锦书来，雁字回时，月满西楼。”还有赵鼎的《满江红》“凄望眼、征鸿几字，暮投沙碛。试问乡关何处是，水云浩荡迷南北。”然而，在朴实的山民看来，大雁南飞，也是秋最风韵丰硕的时候，就如雁来菌，恰逢其时，所以有了应顺于季节的草根般韵味的名字。

就在细雨霏霏的日子，穿个雨衣，携一竹篮，三三两两的村上人走进山里去采雁来菌。此时的山中，夏意犹存，秋意风韵略显，毛竹透着蜿蜒的青山坡延绵而去，松顶着油绿随风吟唱，野柿子挂满了枝，野枣儿黄中带红沁出甜味了，毛栗子也在风中挥舞着毛毛球；藤蔓依然长得热烈，连着松、连着竹，形成气势的城墙，抑或是巨大的网，小鸟是游走的居民，在相互的回应中来回穿梭打闹，无拘无束。小溪扭着舞步，欢畅地，又含羞地躲到草丛中去了。

寻找雁来菌，是个细致活，用树枝拨开腐草，或者掉落的松针，一点点地找寻，性子浮躁的人是比不过耐心人的。其实找寻雁来菌，也是摒除杂念，净化自己心灵的过程。在雨雾迷蒙、空气清新，特别是鸟鸣兽啼虫吟的山间，可以忘却工作的烦恼、生活的压力与委屈，可以倾吐心中多时的郁闷，可以唱一曲不着调的歌曲，可以是采到一个雁来菌时的欢呼，甚至是看到一簇雁来菌的狂喜。

于静悄处，听到远处道观传来的绵柔雄浑的钟声，穿过松林、穿过山坡，停了风，停了雨，天际间弥漫着空灵、静寂与淡泊。山中一日世上千年，山中一时的心灵得禅，城市奔波里几时能够净化？道法自然，就看雁来菌，应时而生、顺于自然。此时寒露，燥邪之气易侵犯人体而耗伤肺之阴津，如果调养不当，人体会出现咽干、鼻燥、皮肤干燥等一系列的秋燥症状。所以饮食调养应以滋阴润肺为宜，而雁来菌恰有健胃补脾、清肝明目、理气化痰、降血压、滋补等功效。物有所生，必有所克。大自然惠赠的佳品当然成为山里人特有的美味佳肴。

采雁来菌，回来必路过一个山洞，谓之柏芝洞，有这么一个故事。说以前村上有个年轻的砍柴人带着一根柏芝树做的扁担上山砍柴，看到一个洞口有两个老道在下棋，于是上前看了几盘，后来一位老者对他说时间不早了该回去了，于是砍柴的想拿起扁担离开，谁知，那扁担已经长成高大的柏芝树，砍柴的一惊，急急忙忙回到村庄，谁知村庄变了模样，自己的儿子已是白发苍苍的老者了！

故事是古老的，正如山中的庙宇，抑或是山中原始的树林，有着原始的清净与淡然、秀气甚至神奇。而山外的村庄却涌动着激情，发生着翻天覆地的变化，以前的尘土飞扬的泥路已换成宽阔的水泥路，平房变楼房，家里电器化、出门是乡镇公交车。山中方一日，世上已千年，或许有着更好的阐述，山里是诗，日复一日的原始与宁静；山外是奇，有着持续的发展与腾飞。

采来的雁来菌，去根，洗去泥沙，清水浸泡后，入锅小炒，一撮盐，少许酱油，几把猛火，那香味就浓得化不开了！灶，是乡下的土灶，柴，是山中的山草，抑或是松针、松枝。灶下烧火也是一门技术，柴应该往里贴，那样火才会使锅均匀加热，如果放得太接近灶门，那火就直窜入烟囱，烧火的人肯定也会被火熏得受不了的！土灶铁锅，却能将天然的雁来菌造就一番别致的风味。加上土灶铁锅烧出的稀饭，浓浓的饭香融合雁来菌的异香，齿颊留香，举筷就舍不得放下，饱了但仍然感觉还没有吃够。

看到过媒体报道雁来菌的价格，个头小的每公斤已经达 100 元了，个头大的每公斤达 50 元左右了。现在甚至将雁来菌做成了罐头，让它走出了山里，走向了城市。从小时候开始，我就有着采雁来菌的美好记忆，现在人至中年，大山仍然保持着原始的淳朴与厚重，年年孕育着各式各样的山珍。吃到这些大自然的惠赠，不由感叹时光悄然的流逝。

当年我沿着村外的土路，走出了村庄，走向了城市，从青涩的少年到头染银丝的中年；从当年意气风发想到外面的世界打造自己的一番天地，到现在每次回归故里的急切心情；从习惯了城市的生活走不惯乡间的夜路，到梦中跳跃的故乡的情节。忽然发现，自己没有离开过山的怀抱，没有离开过父母的视线。虽然父母现在是如此的苍老，虽然他们总是重复着子女童年的往事。看到自己种的白果树已经长得如此的粗大，看到屋旁长满青苔的砖井。还有桃红梨白茶叶飘香了，石榴红，桂花香，柿子挂满树梢了。时光如刀，将岁月刻上了额头，把往事烙在了脑海。

脑海里常常有着这样一个鲜活的家乡画面，一头老牛在水库边悠闲地吃草，一只白鹭立在牛背上打盹。“漠漠水田飞白鹭，阴阴夏木啭黄鹂。”山村贴着山脚，那一片葱茏从山中延伸到山脚，延伸到山野，延伸到田间，延伸到村庄。这葱茏中，有松的墨绿，竹的青绿，茶的油绿，更有四季的菜蔬与庄稼。独特的地理位置与自然环境，加上人为的保护，绿色植被越加丰富，含氧量极高，这是天然的氧吧。走进山村，走进山林，有黄鹂的对话、白鹭的优雅、野鸡的唐突、野兔的娇态，一步一景，总是让人流连忘返。

一方水土养一方人，原始的山林、美丽的家园、朴实的乡亲。记得有次和兄长一起回老家，由于我们很少回家，也没有家门的钥匙，两个人就在屋前等候，有个村上人去田里择菜时看到我们站在门前，就急急忙忙地跑到茶田里找到我母亲说家里来亲戚了，是两个年轻的小伙子。我母亲犯嘀咕说：“不可能呀，平常有亲戚来总有个电话啥的吧！”于是匆忙回到家，看到是我们俩，笑骂道我还以为真的来了亲戚。正好那村上人择菜回来，母亲笑着对她说：“我儿子你都不认识呀？”那人也笑了“唉，我啥时候见到过呀？你家孩子从小就出去了！”于是说说笑笑打着招呼走开了。

每次回乡下，和长辈们打着招呼，看到父辈们饱经风霜的慈祥的脸，岁月流逝了容颜，在他们淳朴的乡音里流淌的却是浓得化不开的亲情与乡情。也正如雁来菌，生在山中，朴实无华，几点雨露的滋润，奉献的却是永久的回味。

而此时的我乡音已改，鬓毛也衰，闭着眼睛，仿佛看到小时候的我，那个晒得黑不溜秋的我，在田野的水沟里捉着小鱼的我，撒着脚丫在田野里疯跑的我。耳边也仿佛听到描述雁来菌的奶声奶气的儿歌：

你真傻，
太阳，
没晒，

大雨，
没下，
你老撑着小伞，
干啥？

（作者系《洮湖》杂志原编辑，现供职于常州）

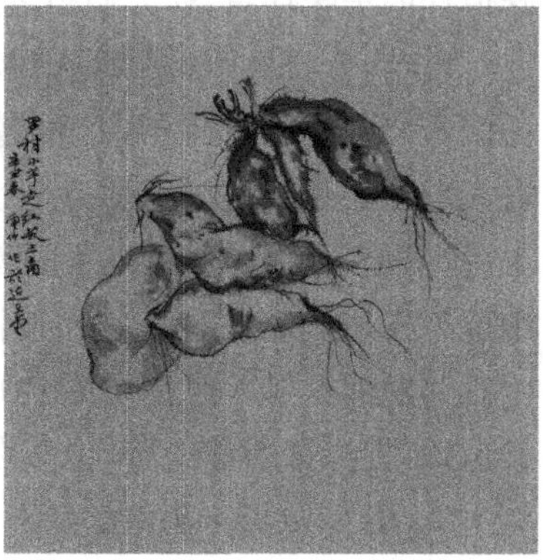

罗村山芋走红长三角

杨 舜

罗村山芋誉满金坛城，走红长三角。其主要原因是它绿色、环保、无公害；形美、质优、口味纯。“清水出芙蓉，天然去雕饰。”品赏罗村山芋及山芋制品，让人想起反璞归真，找到乡土的味道，嚼出自然的纯美。

山芋，名目繁多：《群芳谱》称山芋、甘薯；《农政全书》称红山药；《汲县志》称红薯、番薯；《闽南杂记》称地瓜。山芋的块根成纺锤形，也有圆形的。藤蔓细长呈暗绿色，匍匐延伸；单叶三角形，由长柄撑举，叶脉清晰。不开花，有的单株亦有偶然开花的，百年方可期遇。

罗村地处茅山老区，土壤属红沙土，红沙之中又夹有黄色颗粒。俗话说：红沙夹金沙，长起庄稼不分日夜。红沙土，柔细松爽，湿而不黏，干而不燥；十日大雨不汪水，百日大旱有潮气；土壤中，水汽恒常不绝，肥养条件充足。因此，优越的自然条件成就了罗村山芋的优良品质，其营养极其丰富。此品含有颇丰的糖分、蛋白质、脂肪，富含铁、钙、锌、镁、硒、钾、磷等多种微量元素和矿物质。

常食罗村山芋，能补脾胃、益气、润肠、通便、养颜、生津、润燥、安神；解酒——可治酒湿入脾；退黄——可治湿热黄疸；且有补益肝肾之功效。红皮黄芯山芋维生素 A 较多，常食可治夜盲眼。

罗村山芋品种很多，常见的有白山芋（皮白，肉亦白），黄裸山芋（通体微黄），白心山芋（皮红，肉白色），黄心山芋（皮红，肉黄色），紫心山芋（皮淡红，肉紫色）。罗村山区农民通过世世代代种植，千百次筛选，优胜劣汰，目前在罗村山区种植面积最广的有黄心山芋、白心山芋、紫心山芋三个品种。

罗村山区人对山芋情有独钟。山芋可以作为主食让人们享用，煮、焖、蒸、烤皆为佳品；去皮后与糯米煮粥，甘糯可口，养胃和中；晒成芋干，来年春季煮粥更是别具风味。山芋叶柄去皮后下油锅一走，便是一道清爽清淡的好菜；山芋打成粉坨，就是罗村的剁椒粉坨，是一道颇具地域文化特色的家常菜，人见人喜；菠菜粉丝汤，是一道让人难忘的清淡之品，食之开胃润肠；肉末炒粉丝更是一道色香味俱佳的美味佳肴，让人们望之流涎，百食不厌。

山芋，昔日被罗村山区人民称之为“荒粮”。在稻麦歉收的灾年，山芋便成了山区农户的主食，由它唱主角，撑起一片蓝天。三年自然灾害时期，口粮奇缺，罗村人以山芋度命。叶、藤、芋皆为人食；打粉后连芋渣都舍不得喂猪，将芋渣滗干，投下佐料（盐和葱花），捏成圆子，将圆子在面粉上一滚，表面粘了一层薄薄的细面。先用蒸笼一蒸，再在油锅里一走，变成了一道色香味不错的“素肉圆”，被困难时期的罗村人搬上了婚丧嫁娶的酒席桌，居然也能应付特殊时期米囤空。腰包瘪，捉襟见肘的尴尬，将寿终正寝的老人送上山，将花枝招展的新娘娶回家，将生日、寿宴办得花花堂堂。

罗村人种植山芋历史悠久。据传《农政全书》的作者明朝人徐光启坐着一辆马车，从南方携带了许多山芋种路经茅山脚下，遇上一位老年乞丐挡车乞讨。徐光启便从车中拿出一些山芋种给了这位老人，对他说：“老人家，此物叫山芋，植之可以活命也。”这位老人是罗村人，家住小蒂观，幸遇高人相助，喜出望外。便将山芋种带回家，培育在自家草棚屋旁边，秋后果然收入颇丰，食之甜香可口。于是，他每年扩种，日子果然越过越红火。后来，人们就把这位老人称为“山芋子”。山芋，从此便在罗村山区繁衍开来了。

罗村坝是“雄鸡地”。罗村集镇因山芋而缘，因山芋而兴。旧时，大概过了农历八月半以后，农家饲养的新雄鸡开始啼鸣时，罗村坝街上就热闹起来。首先罗村大河中不知不觉中早已停泊了大小木船百余只，等待罗村山农（山芋种植户）前来租船雇佣，准备装山芋出埠。接着，山农们来到河边与船家搭讪。等到了秋高气爽的好天气，从罗村北路下来的独轮车队，每辆车上都装着满满四蒲篮山芋，从长山、大殿、“温州棚”方向下来，独轮车在土路上碾出细长的沟辙，一路“吱吱”尖叫着，浩浩荡荡向罗村大河码头涌来；南路独轮车队从山蓬、花村、竹墩头、芬园，逶迤而至；西路独轮车队从上阮、西阳庄、许庄、赤岗、扁担头、芝麻洼，一路尾尾续续向罗村大河码头鱼贯而来。此时，小小的罗村集镇车来人往，络绎不绝，热闹非凡。酒馆、饭店、旅社、浴室、茶肆生意顿然兴隆起来。当然，抽大烟的烟鬼，推牌九的赌鬼，还有浪荡闲汉，此时也都勾头胁肩、神气活现地在人群中穿插。山芋种植大户租用大木船，去苏州、无锡、镇江、扬州一带出售；山芋少的小户人家则雇佣小木船，载着山芋到河头、尧塘、里庄桥、湟里、夏溪一带换稻谷。每百斤山芋换二十五斤稻谷。一小船山芋能换回千把斤稻子，回来冬闲时用石臼做“饭米”（即口粮）。

山芋世世代代在罗村种植，山芋养活了世世代代罗村百姓。

恰逢盛世，改革开放的春风吹遍了罗村山乡，罗村山芋种植模式不断更新，罗村山芋的品质得到飞速优化和提升。常州市“十佳农产品”经纪人、金坛市劳模吴保生，为了引领罗村山区农民“走山路，奔小康”，于2008年组建了“金坛罗村赤岗特种山芋专业合作社”，引进美国紫心山芋良种，不断创新模式，生产和打造纯天然、无公害、绿色环保山芋产品及山芋制品。罗村山芋及山芋制品，以优良的品质，独特的风味，走进千家万户，走进苏州、无锡、常州大市场，深受广大消费者的青睐。

如今，罗村山芋和山芋粉丝，已成为“茅山一绝”被搬上大宾馆、大酒店的餐桌，成为人见人喜的美味佳肴。罗村山芋和山芋制品为金坛的美食文化添加了浓墨重彩的一笔。

（作者系退休语文老师、《洮湖》杂志原副主编）

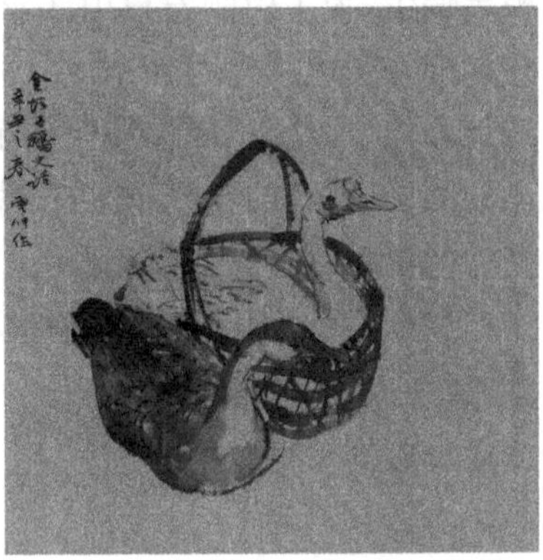

金坛子鹅史话

许 卫

“鹅，鹅，鹅，曲项向天歌。”我记得的诗词不多，对这首启蒙的古诗印象尤为深刻。鹅的叫声很独特，金坛土话又称之为“嘎哦”。它是家禽中的大块头，也是姿态最优雅的，“白毛浮绿水，红掌拨清波。”无怪乎书圣王羲之爱鹅成癖，甚至以书换鹅。

金坛自古就是水乡泽国，水草繁盛，是饲养鹅的上佳场所。据明代名医王肯堂《郁冈斋笔麈》记载：早在宋代，金坛子鹅便扬名大江南北，邑内富室还用特别之法培养出肥壮者款待贵宾，一般人吃不到。明万历二十一年(1593 年)，一位御史来金坛巡查，县官专门烹饪了肥鹅供其享用。饭后，这位御史拜访了王肯堂，提起子鹅的美味赞不绝口，据此认为金坛富庶。王肯堂连忙辩说误会，御史不信。不久，同属镇江府的丹徒因粮赋太重，请加派丹阳和金坛。这位御史大人看到奏章，叹道：“丹阳吾不知，若金坛之富庶，诚宜加也！”于是，金坛就因为请御史吃了顿美味的肥鹅，反而被多加派了赋税，真是赔了夫人又折兵。不过，这也可以看出，金坛子鹅名不虚传。

子鹅即新鹅也，相比于隔年的老鹅，子鹅的肉质鲜嫩松软，清香不腻。故而，《齐民要术》中说：“供厨者，子鹅百日以外，子鸭六七十日，佳。”金坛人吃鹅的高峰在端午节前后，恰逢新鹅上市。旧例，女婿去岳丈家“张节”，新鹅也是必需品。其时，大街小巷都响彻着此起彼伏的“嘎哦”声。到了端午，除了粽香，家家户户还会飘出阵阵红烧子鹅的浓香。

一顿佳肴固然离不开厨师的妙手，但食材的选用同样重要。譬如，在田野山林散养的草鸡胜过圈养的三黄鸡，圈养的三黄鸡又胜过养殖场的肉鸡(俗称洋鸡)。可惜，现在的一些饲料很成问题，喂出来的鸡、鸭肉质偏烂，口感极差，还有一股怪异的腥味，嚼之如同腐肉，毫无鲜美和肉香可言。然而，和杂食的鸡、鸭不同，别看鹅成天在水中划拉，它却是个素食主义者，不吃鱼虾，只吃水草，上了陆地，也只吃青草和稻谷。干净的食源让鹅肉保持了原始的鲜美，标准的绿色食品，因此，我喜欢吃鹅而远鸡、鸭。这样的鹅肉即使不用大厨，寻常人家随便怎么烧也是好吃的：只需洒上作料，无需味精，再放些青椒和蒜头，耐心地焖上一会儿。新鹅肉嫩，容易烂，老鹅则要多焖点时间。待起锅，香气四溢，老远都能闻到香味，顿时口舌生津，恨不得立刻大快朵颐。那种天然的鲜美啊，是任何鸡精、味精不能取代的。

子鹅单烧最能品其原味。过了季的子鹅就可以混搭了，最好的还是土豆烧鹅。有一年夏天，我和朋友在美食街吃过一道老鹅烧土豆，老鹅和土豆烧得透烂，土豆完全吸收了老鹅的肉香和脂肪，老鹅则少了肥腻感，混着土豆本身的香气，吃起来让人大呼过瘾。不过，令我郁闷的是，这道菜叫“东山老鹅”。东山在江宁，我敢打赌我吃的这只鹅产自金坛本土。奈何，东山鹅眼下正是盛名当道，金坛鹅只能屈尊贴牌了，一如金坛的服装产业。殊不知，金坛鹅早在千年前就已是全国名牌了。

近年来，金坛鹅雄风稍振，“茅山风鹅”逐渐声名鹊起。不过，风鹅之名又有拾人牙慧之嫌。溧阳天目湖有云塔风鹅，又称风香鹅，也是溧阳的代表土特产。风鹅其实就是风干的咸鹅。无论做卤菜还是腌制品，比之块头较小的鸡、鸭，鹅都有先天的优势：肉多，平常的鸡、鸭经过腌制脱了水，基本就剩一个皮壳，而咸鹅无论哪个部位都是很有嚼头的。话又说回来，茅山风鹅其实和茅山没什么关系，茅山并非金坛鹅的主产地，最多是在山里腌制。如果换作长荡湖、天荒湖、钱资荡、白龙荡风鹅，或许更贴切，至少能让人遐想千年前的金坛子鹅。

（作者系金坛文史学者、金坛区民间艺术家协会副主席）

闲说花生

老于头

写到花生，我马上想到的是这个谜语：黄房子，红帐子，里面住着白胖子。

后来想到的是这样一段文字：我是个谦卑的人。但是，口袋里装上四个铜板的落花生，一边走一边吃，我开始觉得比秦始皇还骄傲。假若有人问我："你要是作了皇上，你怎么享受呢？"简直的不必思索，我就答得出："派四个大臣拿着两块钱的铜子，爱买多少花生吃就买多少！"这段文字的作者叫老舍，文章名叫《落花生》。

金庸的《射雕英雄传》第1回："（曲三）慢慢烫了两壶黄酒，摆出一碟蚕豆、一碟咸花生，一碟豆腐干，另有三个切开的咸蛋。"立刻有学识渊博的人指出其中的常识性错误，花生的原产地是南美洲地区，传入中国的时间大约是1530年，中国有关花生的记载始见于元末明初贾铭所著《饮食须知》。宋朝，中国还没有花生呢，更别说吃了。

花生何时成为家常食品，无法考证。有资料记载，直到乾隆末年花生仍然是稀见的筵席食品。金坛西部茅山一带所产的花生，壳薄，籽粒饱满，味香。花生富含蛋白、脂肪跟维生素，最佳的吃法是水煮花生，既不失去营养，入口又烂，容易吸收。唯一的不足是，带衣的花生煮过之后，紫而泛白，面有戚色，所以办喜事不能上桌，私宴聚会另当别论。

上得喜宴的花生，一般是油炸。挑选经手剥的花生若干斤两，随上好的冷色拉油一起下冷锅，油一定要覆过花生。锅下大火，锅上用笊篱不断翻炒，待花生香味传来，或者可见花生衣稍稍变色，立刻熄火，笊篱翻炒不停。片刻之后，用笊篱滤去油，即可装盘。装盘必须尽量晾干，让花生自行冷却。如果口重，上桌之前加少许细盐颠一颠，不加盐也可。我要说的是，现在的宴席上，用花生的极少，因为它已经上不得台盘了。而我的童年以及少年时代，跟随父亲（老法师）去别家办喜酒，能上花生的人家就是好人家了。现在的花生，只是三两知己肴酒助兴的尤物了。

花生作为配菜，最常见的是宫保鸡丁，也可写成宫爆鸡丁，这是川菜中的招牌菜，传说此菜源于贵州的丁宝桢，素来喜欢吃辣椒爆炒的猪肉跟鸡肉，调任四川之后，常常在宴请宾朋时，请他们吃辣椒、花生及鸡肉炒制的鸡丁。因其官衔"太子少保"，故称之为"宫保鸡丁"。此菜中，花生作为配料，最重要的一点是，在油炸之前，必须用开水烫去花生衣，露出里面的白色，那样伴鲜红的辣椒才能红白相间，夺人眼目。由于鸡肉的鲜嫩以及花生的脆香，也由于此两种原料易得，在英美国家，宫保鸡丁泛滥成灾，几乎成了中国菜的代名词。这是题外话了。

还可以说一说腊八粥里的花生。腊八粥里，有两样果仁不能缺，一是花生，二是核桃。花生有润肺和胃、止咳的作用，核桃有补肾、益智、强筋骨的作用，对老年人尤其重要。这里的花生就是水煮或者炖过之后，直接下锅的。

抛开菜的话题，花生最最常见的吃法，当然是炒。记得小时候，也是腊月时分，就有穿着黑破棉袄，抬着大铁锅跟炉子的苏北人，三四个一组，在大街小巷吆喝：炒花生啦，正宗的长江细沙啊。父母闻听吆喝，会从角落里拿出一只干面袋子，里面早就装好了计划分配的生花生。来到外面，炒花生的苏北人已经架好了铁锅，生上了炉子，正宗的长江细沙已经倒在锅里预热，黑破的棉袄，已经脱在了一边。大家先来后到排队等待，以地上的干面袋子为序，一家又一家。带壳的花生哗啦一声，倒进了黄黑杂伴的细沙里，大火起了，烧的是木材，另外一人用硕大的锅铲不停翻炒，花生的壳渐渐地染上了黑点，伴着"哔哔啵啵"的声响，花生的香味越来越浓，咽唾沫的声音也越发动人了。最先炒好的人家会有所损失，每个排队等待的邻居或者路人，都会从铁锅里捡出一两只花生，说是尝尝手艺，顺带尝尝味道，其实就是馋虫到了。这里，我必得引用老舍的文章了，他说：大大方方的，浅白麻子，细腰，曲线美。这还只是看外貌。弄开看：一胎儿两个或者三个粉红的胖小子。脱去粉红的衫儿，象牙色的豆瓣一对对地抱着，上边儿还结着吻。那个光滑，那个水灵，那个香喷喷的，碰到牙上那个干松酥软！

我还能写什么呢？

（作者系中国作家协会会员、金坛区作家协会副主席，供职于金坛第一人民医院）

傍茶生活的女人

金文琴

有这么一位女人，蓝衣布鞋，住四合院，院内有树，树上有果实，屋后有山，山上有茶。任何东西在她手下无一浪费，旧窗帘可缝沙发套，沙发套可改椅垫，椅垫可扎墩布，事物循环往复，数度苏醒。她的家旧而活，一双旧鞋一摞旧报也有自己的窝。

她总是会化腐朽为神奇，让人格外的惊喜。她，就是薛埠上阮人也，我们茅山云露茶场的朱姐。朱姐，不仅把一手茅山青峰做得绝了，食物在她的手中也是。

多少个傍晚，朱姐立于灶头，锅内只是玉米或芋头，加些田头或山上的韭葱蒜，一经她的手，粗瓷碗中便是我们一生难忘的美食了。在朱姐的厨房，坛坛罐罐里，你以为浸渍的只是萝卜缨和酸辣菜？那是过日子的智慧，是冬日就着白粥的佐料。她还有一些小小的灶边把戏，譬如空心菜梗，她总是用手轻轻地撕，味道就是比刀切的好。还有那些削下的萝卜皮，她不舍，洗净，晒干，腌好。别有一番风味。像李叔同说的那样："咸，有咸的滋味，淡，有淡的妙处。"朱姐这些"小伎俩"让食物散发了灵感。

在朱姐的巧手下，鱼鳞不比龙虾气短，瓜皮不比珍菌自卑，纵是把老豆芽，也无须自暴自弃。她的厨房绝没有城里女人的厨房来得那么精致，在她的厨房里，食物平起平坐，不以身价排辈，不以家世自矜。她给你惊喜的永远是寻常菜，甚至边角料烧出的不寻常。

多少个有和风的晌午，我搬个小凳坐在四合院门口与她闲聊，边看她半碗豆腐渣，两根小葱，几个刚出土的土豆，三两个紫油油的茄子，五六朵刚从山上摘下来的南瓜花，在她手中如何变戏法。朱姐信手拈来，东一撮西一把，边角料就在铁锅中春回大地了，任何菜谱都找不到这香气的源头。

今年春天，北京的几个作家朋友来我们茅山云露茶场做客，无须我多叮嘱，颇有灵气的朱姐信手就做了两道菜：碧螺春炒柴鸡蛋和番茄青峰汤。我的眼湿润了，朱姐太给我掌脸了。几个朋友太兴奋了，他们咔嚓咔嚓地拍了下来，说回北京要放到他们的博客上晒晒，红的，绿的，黄的……色泽绝不做作，外形绝不张扬，汤色绝不夸张。特别是番茄青峰汤里的青峰像一小朵一小朵的绿蕾在绽放着，煞是诱人。

也曾到过不少高档酒店，也尝过好多名厨做的野菜，价格更是不菲，但真不对胃口。我宁愿吃朱姐腌的蕨菜，我们茶场后面竹林里的蕨菜春夏两季特别茂盛，这野菜在山里并非人人爱吃，因嫌它略酸涩，但朱姐也不知怎么腌的，一来二去，蕨菜的酸涩转成清香。好比家里自小瘦且黑的黄毛丫头，只愁她嫁不出去，哪料到了二八年纪，模样大变，抽了条，皮肤也细了，眉眼也灵了，竟成了美人一个！

这，就是惊喜。

（作者系中国作家协会会员、金坛区作家协会副主席）

我的美食我的茶

徐淑萍

衣食住行，吃在其中，天下美味，实难尽数。每个人都有自己偏爱的食物，有的是真正美食，而有些是心中的记忆和期待，如此种种，实难评判。然而深受古人、今人喜爱的一种传统美食，我想是茶，一种能作饮品，能入菜，亦能入诗的植物。柴、米、油、盐、酱、醋、茶离不开它，琴、棋、书、画、诗、酒、茶更离不开它。江南金坛老家茅山地区盛产绿茶。一为之青峰，二为之雀舌。

茶，生长于泥土砾石，甚至峭壁，本性朴素，采日月精华历经火烤，心性高洁。千家万户寻常百姓每用一杯茶来表达待客之礼，客来敬茶成了中国一种最传统的礼仪。茶树具有一旦挪栽就很难存活的性格，因此中国传统婚嫁中有用茶来做聘礼的习俗，取其永恒不变，从一而终，百年偕老的美意。所以《红楼梦》中王熙凤打趣林黛玉说："你吃了我们家的茶，怎么还不给我们家做媳妇?"

茶，你发现了就会爱上它，爱上了就会离不开。一杯初展，风和雨细；二杯静定，润物无声；三杯清明，神清气爽。一盏茶的工夫，你可窥见它的一生。它的清香，它的绽放，它的甜润，它的苦冽。无怪乎李叔同叹一声"悲欣交集"，原来是越爱越喜，越喜越惜，越惜越悲，让我们卑微的生命如何以堪。茶，也如通灵一般，百般地端出它的好。每喝一次宛如好友相会一次亲密一次，越交越知，越知越难分离。

茶，每与水相契，温润清甜既得，每与水相缠久了，渐出苦涩。寻常人得一杯解渴，甜涩犹可。僧家用于参禅悟道，一句"且喝茶去"解决了多少人生困惑，多少难题。儒家之道，讲究平淡、中庸。佳人固然娇，香茗已然美。李清照、赵明诚夫妇在书房各执案卷，闲来抢诗对句更是心灵相契，无不叫人羡慕。如此纠缠于恩恩怨怨你是我非，争执中的痴男怨女终可以放下一切烦恼，享受真心的相爱。

因为人，真的如茶，知你的不知你的，疼你的不疼你的，你都会如一杯茶倾尽一生，只是懂得的才会得到一杯真正的好茶，品味到心灵最深处的滋味。

茶，不必朝夕相处，只在你需要的时候悄然出现。在你不需要的时候安然隐退。茶之至味，不仅仅在餐桌上呈现，茶叶富有色、香、味、形四大特点，能饮用，能调和滋味，增加色彩，又具有药理成分，所以茶叶入菜既可以增进食欲，解除饥饿，又能防治某些疾病增强健康。茶叶蛋、龙井虾仁、观音童子鸡都是名菜。绿茶铁观音也可做面点，黑茶可以做卤菜。茶之至味，也不仅仅在茶席上显现，每道茶席分季节气候和不同茶品可以表达不同的人生理想和审美情趣，甚至是人生态度的一种展现，或谨严或洒脱。

茶，渗透到我们的生活中的边边角角。待人对事看物，一茶一味，一茶万味。百态人生，百千滋味。茶，教会我们一茶一事，学会放下。茶，教会我们天地人和，学会宽容。茶，引领我们更趋健康的审美。它既是我们的美食，更是我们不可缺少的文化精神美食。

（作者系江苏省作家协会会员、金坛区作家协会副主席）

茅山老鹅

王　舒

驱车经过茅山深道，都会留意那路边农家的风鹅。山坡前，阳光下，村居外，微风中……一排排树干竹架上，挂满风干的山地老鹅，看上去是那样的入眼和诱人。于是每一次，都会倾注缓步流连的目光，每一次，舌尖都会渗出一种奇妙的期待。

那一天闲暇在家，窗外微风的曼舞配合着细雨柔弱而缠绵的飘落，邻居好友在屋内与我谈天说地，好久没有这般闲情、悠哉与雅致。休假固然是好，午餐却总是个老大难。邻居好友做主人，匆匆穿梭于楼道间，午餐也就如此不让人烦心了。这午餐，主人拿出一只正宗的茅山风鹅，定要与我分享。

主人的老家在茅山，从小跟着爷爷制作风鹅，因此不但是看家拿手，还是百年祖传。于是，午餐就不是简单的食用美味。诱人的风鹅让主人侃侃而谈，如数家珍，眉宇间满是一种自豪。拥有着丰富而蕴含技术的制作流程、精细而耐人推敲的烹调方法，主人让我大开眼界，一边体验着真实的美食，一边倾听邻居叙说关于茅山风鹅的制作情景。

说是腊月大寒那样的日子，是宰杀加工茅山风鹅的最好时间，那制作的流程也是极具标准化的，要经过宰杀放血、去内脏、腌制、风干四个步骤才能完成制作，此称谓“四步曲”。邻居说要吃这茅山风鹅一定要了解它的历史，所谓茅山风鹅一定要选自茅山山区的老鹅，在传统的腌制基础之上，吸取民间饮食精华，佐以十多种植物原料加以入味，此茅山风鹅相比民间其他自制风鹅更是肥而不腻，酥嫩可口，汤汁浓郁鲜香。而亲自制作出具有传统风味的茅山风鹅，吃进口中感受着美食与文化的交错，那才是真正的美味。

茅山风鹅加工“四步曲”有特殊的制作方法和注意事项。首先宰杀采用口腔刺杀法，要尽量放尽血液，不能呛在肉里；其次去内脏，在颈基部、嗉囊正中轻轻划开皮肤取出嗉囊、气管和食管，不能伤及脯肉，在肛门处旋割开口，剥离直肠，取出全部内脏。特别不能把羽毛弄脏弄湿，再将皮、肉分开，以暴露出胸脯肉，腿肉和翅膀肉，而颈端、翅端、尾端和腿端的皮肉应相连，不能撕脱；再次将辅料如食用盐、葱、姜、茴香、八角、花椒、草果、香料等粉碎混匀，涂抹在鹅体腔、口腔、创口和暴露的肌肉表面，然后平放在案板上或倒挂 3～4 天，不能堆叠以保护羽毛；最后用麻绳穿鼻，挂于阴凉干燥处，风干半个月左右就制成了一只完美的茅山风鹅。

这种精制的风鹅，让我们的烹制更加小心翼翼了，主人在水中加入生姜、葱和味精，待水烧开后，放入这茅山风鹅，猛火烧开，文火要焖 40～50 分钟。

风鹅到了可以入口的时间，厨房那股咸中带甜、清香中夹杂着肉香的缠绵味，从空间的缝隙中拥挤而过伸手点向我们的舌尖，滴滴口水滑过香气自然地顺进喉咙。果然耳闻不如一见、闻味不如体验，许久的等待之后终于将充分冷透后的茅山风鹅斩盘食用。伴随着杯觥交错、那肉质松软、味道鲜美的风鹅肉，掠过唇齿，顺滑地进入腹中，让人回味悠长。

（作者系常州市作家协会会员，供职于金坛区国土资源局）

红烧羊肉

曹春保

金坛是传统农业县，西高东低，西部丘陵地势，东部滩涂杂草丛生。最适宜羊的养殖；一般农家都有几只，十几只不等。养羊不仅可以满足农作物基肥的需要，而且可为农家的喜庆节日提供美味佳肴。

羊，最直接的是它能改善人们的生活，几乎成了民间强身益寿，不可或缺的补品。羊肉鲜美、羊糕佐酒、羊汤暖胃。深秋寒冬，农家宰杀羊是一种富有的时尚；谁家烹制的羊肉酥而不散、肥而不腻、肉色红润、香而不膻，会赢得全村人的追捧。中华人民共和国成立前，金坛各集镇，每到立冬后至春节前，开店卖羊肉、卖羊汤的很多。从傍晚起，这些店便顾客盈门，熙熙攘攘，一直忙到深夜才能打烊。

羊肉被视为传统美食农家席上珍品，缘于原料制作十分考究：首先得选用当年当地而且必须是现时宰杀的健康成羊。特别是茅山一带，地产的小尾羊肉质嫩、脂肪少（现时市场上、桌上供应的羊肉羊糕，多为异地羊）。羊肉制作过程十分严格：活杀后不剥皮，脱毛烧煮前，将生杀羊分切成大段块，清洗、消毒，用猛火在水中煮沸后，捞出；注入清水，配合以除腥佐料，再放入段块在文火中慢慢炖煮，直至熟香为止。这套工序最为关键，汤汁是羊汤的原料，拆骨后的肉既可红烧，又能用带皮的羊肉裹扎成形，制作成羊糕。

红烧羊肉的烹制并不难，只要配以酱油、料酒、红枣、冰糖、老姜等佐料，文火炖煮即可。任何一家小吃店主、甚至是家庭主妇，都可烹饪出香酥可口羊肉来的。红烧羊肉关键在嫩、酥、脆适度，稍上一点档次的饭店都有色、香、味、质俱佳手艺，加之桌上器皿独具匠心。或厚重醇浓并重，或清淡素雅见长，或麻辣兼备；视之形色可人，闻之香气扑鼻，食之肥而不腻；其营养、滋补、食疗与饮食文化，皆能达到欣赏并重之效果。

羊糕以肉色红润、醇香烂熟、回味悠长为佳，此品既是佐酒的尤物，又是馈赠宾朋之佳品，深受消费者青睐。不同口味的食客买回羊糕，回到家中切成薄块，放入碟中，再按各自的口味，以咸、酸、辣、香基本佐料，调配汁液，蘸沾食用。在制作羊肉、羊糕的过程中所形成的汤汁，便是羊汤的原料。数九寒天，一些喜欢夜生活或因工作加班至深夜的人，能喝上一碗羊汤，便变成了一种享受。羊汤滋补健脾的功效毋庸置疑，若有胃寒胃病的，一冬的羊汤喝下来，准能“汤到病除”。

羊肉好吃，膻气难闻。地产小尾羊的生长环境和饮食环境，虽决定没太大异味，但还需得益于制作过程中的除腥技艺。儒林民间就流传着这样一段故事：据传很久以前，镇上有个开店的老板，因烧出的羊肉有膻气，生意清淡。老板却把责任推到伙计身上，不给工钱，要辞退伙计。伙计十分气愤，当晚将灶间的萝卜，倒入羊肉锅里；心想萝卜汁苦，欲毁了这锅羊肉，报复老板。谁知，加入萝卜的羊肉，却飘溢出一股从未有过的熟香。由此而烹制的羊肉肥而不腻、鲜而不膻。老板好言好语地提高待遇，劝伙计留了下来；伙计因祸得福，无意中却掌握并流传下这门烧制羊肉除膻的技艺。

（作者系江苏省作家协会会员，曾任金坛文联党组书记）

情系土豆

胡佳蓉

民以食为天，但是在以瘦为美的今天，食物却成了人们心中又爱又怕的选择！

每次吃饭点菜时，无论是谁问我想吃什么，我都会说："土豆！"看着胖得走不动的身形，大家提意见了："土豆吃多了会长肉呀，你看你都这样了还吃土豆呀？"妈妈更是感慨："每次问你想吃什么，你都只会说土豆，看看你，都快吃成土豆了！"……

对于这些朋友家人们的忠告，我都一笑置之，最终还是会我行我素地点上一盘或炒或烧的美味土豆！再后来，当我得知土豆列入了减肥食品行列之后，无论走到哪儿，土豆更是我的必点之菜了！

其实，对于这份热爱，我自己一直以来，也都想不明白是怎么回事，只是在模糊的儿时记忆里就偏爱着这份食物，而伴随着那钟爱的美味呈现在脑海中的，还有那笨拙地学习烧土豆时的情景！

妈妈是金坛人，所以每次妈妈回金坛时，我也就没法吃到心爱的土豆了，于是小小的我便燃起了对学习烧菜的热情！当然，只学习烧土豆！

小时候家里穷，没机会总是吃肉，而我又偏爱红烧肉，于是便利用了老辈人说的那句话"老母猪放屁，沾点荤气！"我用荤油代替素油，然后是盐、糖、醋、酱油，这样一应调料原料准备就绪，再把土豆洗净切成小块泡在水里待用！

因为那时没有煤气灶，家里都是烧土灶的，所以找来个人帮忙烧锅，这样自己就可以安心于自己像模像样的学习了！

既然食材都已备齐，锅亦已烧热渐红了，于是乎，我便屁颠屁颠地找来小板凳，没办法，就由于个子太小的关系，小时候村里人都称我为"小萝卜头"（唉，所以说胖呢，连人们给起的名字都与食物有关)，当然，这“小萝卜头”的身高，又如何能与家里的灶台一比高下呢！于是乎，只得借助板凳的威力，让我快速长高，围腰子一系，还真像那么回事，在大人们忍俊不禁的注视之下，我一下子就变成小大人似的了，大大咧咧地拿起了锅铲子，虽然有点重了，加上板凳毕竟不是自身天然生成的腿脚，站在上面始终有点摇摇晃晃的不稳当，所以操作起来很吃力，看起来也很不自然。

但是心里还是一阵阵兴奋泛滥的，先回忆一下妈妈烧菜时的过程。首先把荤油倒入锅内，由于是冬天，荤油是冻着的，所以当接触到热热的锅时白白的冻油一点点融化成透明稠状的液态油，带着丝丝的热烟，像极了季节的蜕变，一时间看呆却忘记了把土豆倒入锅内，过了好久，在大人们的催促下才惊醒过来，于是乎，一紧张，动作上有点慌乱了，结果土豆入锅的同时，我的手与臂膀也光荣负了伤，点点油斑加上那钻心的热度，让人有点疼痛难忍，但很快，这些就被兴奋所取代，因为土豆终于下锅了！

看着土豆与油在高温的锅内碰撞，我的心也跟着剧烈地跳动起来！这时，问题来了，还有那么多的调料要安排呢，先放哪个？再放哪个？要放多少呀？傻了，不知道怎么办，只能依靠对回忆的搜索了，没办法，由于妈妈烧菜时，我太过粗心了，至于放多少调料没有丝毫印象！算了，反正是学嘛，不知道更好，这样可以在实践中成长，学得也会更深刻一点，不知道先后，就一起下锅；不知道多少，就随便来点，所以，大勺子一来，盐、糖、醋、酱油一起下了锅，由于比较钟爱红烧，所以酱油的量就相对来说重点照顾了下……

哈哈，变红了，看，土豆变红了，随着调料的下锅，扑鼻而来的香味更让我激动不已，于是不管不顾地双手上场，抱着锅铲一阵搅动……

不知道过了多久，实在没力量了，就跑下凳子，盛来一大碗水倒入锅内，盖上锅盖，坐在一旁兴奋地等待着，时不时按捺不住地跑去打开看看土豆的成色与动向，被大人们批评后才稍微安稳点！

那时的等待是漫长而焦急的，还好，就在自己快忍无可忍之时，红烧土豆终于可以出锅啦！

当然，还没等得及盛入碗中，我便偷吃了一块，说实话，土豆烧成了什么味道已没有印象了，取而代之的是滚烫的甜美滋味，那滋味不仅仅只是在口中激荡，更欢快地回旋于心灵的每一个角落，久久挥之不去！

就这样，土豆在我的生命里留下了深深的痕迹，它那圆圆的体形与那粉粉的滋味也都时刻在诱惑着我的味蕾！

(作者系金坛人，自由职业)

餐　　芳

陈建忠

如我这般年纪出生在江南的人或许都会有这样的记忆，童年的餐桌上或多或少会上一些用各式花朵制成的菜肴。这种以植物的花朵为食材而制作成各种菜肴即称之为“餐芳”。而如今，远离乡村的日子越来越久远，一般人现在很少能吃到色味俱全的“餐芳宴”了。

在过往的记忆里，“餐芳饮露”，不仅是文人自喻清高的文学表达方式，而且是寻常百姓餐桌上的美味。生活在风景怡人、空气清新的茅山老区，或是生活在没有喧嚣声息的田园村落，伴随着季节的更替，在自家的庭院或者房前屋后的自留地里采撷时令的花朵入馔，更是日常生活中最自然不过的事。

在满心欢喜的春天里，满枝盛开如白鸽的白玉兰花，远远就能闻到阵阵沁人心脾的清香，白玉兰花朵硕大，花瓣肥厚饱满。用鸡蛋、面粉调制的面糊拖过，在油锅里一炸，吃在嘴里，脆生生的，香甜可口。南瓜花也是这个季节的美味，不过南瓜花有性别之分，等到雄花授完粉之后，把一朵朵嫩黄嫩黄的花采下来，整朵整朵地放进肉汤里，用筷子夹起花瓣在沸起的汤汁里边涮边吃，看到的是美若鹅黄的颜色，口里流淌的则是春天满足的鲜香。

在金灿灿的秋天里，秋风渐起，满山遍野开满了黄色、白色的菊花，菊花可分为小菊和大菊。小菊花采来洗净后，放在蒸锅里轻轻蒸煮一下，晾干，花朵儿就可以随时入壶泡成赏心悦目的菊花茶。大菊则可以洗净后与磨好的豆浆制成菊花豆腐。

花季最长的当数月季花，南方的三月到十一月都能看到各种色彩的月季花，人们通常称之为“月月红”。月季可分为切花月季、食用玫瑰、藤本月季、地被月季。月季花不仅是花期绵长、芬芳色艳的观赏花卉，而且能制成各种美食。与粳米、桂圆肉、蜂蜜可以熬煮成月季花粥，与冰糖、黄酒可以调制成月季花汤，与鸡蛋、牛奶、面糊油炸成酥炸月季花。这些个美食对女性有活血调经、消肿解毒之功效。

最有意思也是最香甜美味的当数桂花蜜了，把繁密的花瓣从花朵上采下来晾上一两个小时，将白糖放在器皿里，用玻璃棒反复揉杵，花瓣和白糖迅速被研磨到了一起，继而形成桂花汁，用陶罐收藏起来，随时作为烹饪的调味品，味道好极了！

可吃的花瓣很多，只是如今远离乡村，少了现实中的口福，只能进行一次又一次的精神大餐，想象各种花朵入口、入怀、入心的味道。

（作者系金坛区作家协会会员，曾供职于金坛国土局，现自由职业）

老爸是厨师

花　花

老爸是个厨师，没有级别，没有菜谱，菜到手里，下到锅里，随心而定。

原因，老爸是个文化人，闲来爱好钓鱼和阅读。做一件事情，心便专一件事情。哪怕养一只猫，那只猫也是通尽了人性，养一株花，那花必定枝繁叶茂。而这所有的一切，来自老爸的勤奋和不为名利所惑。心静，心空，静了可以思索，空了，可以装载。

书，闲下时，成了不离左右的物件，古今中外，天文地理，小说论文，中医中药等等的书，使得图书馆的借阅卡，填得密密麻麻。看书，不是看看文字，而是看出了一种道来。于是烹饪之书，老爸只是看了一些花色。而味道，则来自老爸的摸索和研究。菜，在老爸眼里，不再是一株植物，或一只鸡鸭，而是一种奇妙的反应。为何？老爸研究菜理，不仅仅是火候、配料及营养了。而是哪些菜，含哪些成分，这些成分，和在一起会发生什么样的反应。最终，会出现什么样的味道。

民以食为天，在如今这繁华的物资充裕的年代，饥饱已经不是饮食的主要动力了，味觉的体验，成了主宰人们寻觅美食的主要力量。而老爸的菜，始终坚持原汁原味。原汁原味的菜，常常会将我们的记忆拉回儿时吃饭时的滋味。那时候的菜，青菜就是青菜味，黄鳝就是黄鳝味，不会是现在饭馆的菜，一桌菜一个味。百个饭馆，也是一个味。于是，一道菜的味道，就是一个回忆带来的故事。那个味道，说不定就是妈妈等你放学回家时盛在桌子上的一盆青菜。而这种情感，来自灵魂深处，不为人知，也不为己知。

老爸不只是在菜的制作上用心，而是在谁吃这道菜上倾注着所有的感情。他或她，或者来自东北，或者来自台湾地区，或者年青，或者年老，或者离家远归，或者为其送行。谁来吃，为谁做，老爸用着不同的感情去理解，去菜场选菜，回家择菜，洗菜，或蒸或煮，或煎或煨，全是量身定做。而不是，甲鱼就是红烧，或者甲鱼就是清蒸这么简单。

或者，我应该在这里说一说老爸的一些拿手菜，遗憾的是，任何菜，到了老爸手里，全都可以做成佳品。而且，每道菜无须返工，无须中途品尝，俱是一气呵成，连佐料都是一次投放，无须增减，用朋友们常说的一句话："于师傅的菜，就是简简单单一道青菜，我们也做不到那个可口的味道的。"

如果，老爸不做厨师，做农民，做工人，只要他从事的工作，最终都会和他所做的菜一样，其味无穷，其味难解。因为，任何事情的完成，老爸都是用心，用情，不求所得，只求付出。

（作者本名刘金花，江苏省作家协会会员）

五、齿舌禅悟

鲈肥菰脆调羹美，荞熟油新作饼香。
自古达人轻富贵，例缘乡味忆回乡。

——摘自陆游美食诗

砚边闲话美食经

范石甫

中华文化，博大精深，博大者，可谓无所不包也，仅一个“食”字，即可引发出一大堆的话题，与之有关者如品茗、酿酒、饮食等，品得雅韵，酌以开怀，饮出美味，虽各具风味，却能相互交融，从而形成了一条十分丰富的饮食链，成为大文化背景下一道亮丽的风景。

民以食为天，食是人类(不仅仅是人类)赖以生存的基本条件，当我们的祖先掌握了火的使用方法后，人类的食况便随之而有所变化，从生食到熟味，这不单纯是一种技术的进步，其根本是质的变化。人活着，每天都要吃，时间长了，人们自然会琢磨吃的花样，物质丰富了，吃的品位也在不断提高，在“食”字前面加一个“美”字，称之为美食，这似乎成了人们共同的追求，随着社会生活的发展，吃的文章愈做愈见风采，千百年来，代代相传，代有精工，宫廷盛宴自不必说，民间的美味佳肴也是各显异彩，诸如京味、粤味、徽州菜系、淮扬菜系及各地的特色小吃等，无不以其独特的风味让天下之食客而为之倾倒。一本吃经，不仅道出了个中的美味，更体现了对文化精神的提升。依此而言，我们完全可以从饮食这一侧面，透析出中华文化的精深之处。

饮食文化的产生，是人民群众智慧的结晶，饮食文化的发展，则充分体现了中华民族的创造力，在世界文化的宝库中，中华饮食文化是一颗熠熠闪光的明珠。近几年热映的电视纪录片《舌尖上的中国》，以其独特的手法，展示了中国饮食文化的风貌。纪录片以文化为背景，从各个地区不同的自然景观和人文环境着手，慢慢引渡到“小鲜”烹饪的由来，有言道：“烹小鲜如治大国”，由大及小，由小见大，生动地揭示了饮食的文化含量，既是美食的享受，更是文化力度的张扬。一方水土，滋生一方美味，确实如此，京味大餐，多少带有皇家宫廷的气息；淮扬菜系，体现的则是江淮人家的风情。王致和臭豆腐，出于失意文人王致和的意外之得。常熟叫花鸡，则是乞丐老妇的无奈之作而一举闻名天下。此类故事，多不胜举。设想，如果有人能广为搜罗募集，一定是一部饮食文化的“四库全书”。《舌尖上的中国》纪录片中所讲到的或我们平时所熟知的许多地方特色菜肴，如何产生，制作技艺，传承轨道等，人们往往都能说出个一二三，为谁所创？虽有一些散落记载可查，但大多不能确指，这实在是一件憾事，或许，这就如一些民间文艺创作，从创作到流传，再经过反复的加工提炼，使之日臻完美，最后留给人们的是经典。

历来，人们不仅享受着美食的愉悦，同时，也在加强对饮食文化的研究。古今皆有专门著作行世，除了专家的论述之外，许多文化界名士也多有涉笔，如清代著名诗人袁枚，他写的《随园诗话》是一部极具影响的学术著作，另外他也写过《随园食单》，在烹饪界也是颇有影响的。大文人梁实秋也曾写过《雅舍谈吃》，一般人看来，吃是俗事，而梁先生却在雅室中大谈其吃经，可见吃是雅俗共赏的事，不能因其俗的一面而忽略了对其文化层面的考量。许多名人对吃的问题却有着自己的雅好。毛泽东主席生前虽不主张饮食的奢华，而他对家乡风味的几道菜却情有独钟，一代画手张大千不仅善吃，还能亲手做上几道四川风味的家乡菜。20 世纪 70 年代，我去南京时，喜欢到绿柳居品尝素菜，有几次都巧遇著名画家宋文治先生，他是用饭盒将菜带回家去。后来听店堂服务员介绍，宋老爱吃素菜，还喜自做素菜，他做的几道菜因独具特色，绿柳居特意将其征集为店中挂牌的名菜供顾客品尝，也由此为宋老的艺术人生平添了一段轶事佳话。

我的少年时代，在母亲的影响下，对菜肴制作也产生了浓厚的兴趣，当时，生活条件异常艰苦，温饱难顾，何谈美食，母亲操持着七八口人的家务，首先想方设法能让大家吃饱一点，仅有的一点主粮，辅以自己种植的杂粮、瓜菜，经过母亲的巧手调配，全家人总算填饱了肚皮，有时心中还有几分美滋滋的感觉，这也算是当年对美食的追求吧。令人痛心的是，母亲过早地离开了我们，只善于干苦活的父亲无计可施，维系全家糊口的重任便落到了我的头上，于是我也便学着母亲的苦劲和巧劲，艰难地支撑了多少个年头。随着时代的变化，生活渐有好转，让一家人能吃得好一点，终于实现了我所追求的梦想，我曾看到过几本中华名菜谱之类的书，结合我母亲做菜的经验，加上自己的琢磨，也做出了几道受人赞誉的私家菜，曾有烹饪界的专业人士在品尝之后，戏称我为书画家、美食家，还撰文在《新华日报》《常州日报》等做了评价。我的书画创作喜欢探究自主门径，我学做菜也主张体现自己的特色。烹饪是技术加艺术，与书法有着许多共通之处，我学做菜应属票友之列，讲究美味的同时，我是把菜作为艺术作品来做的，我想，这对提高我的人生素养是有所得益的。

而今，正处于多元化的时代，就艺术创作而言，各家竞相探索自己的表现方法，烹饪界的情况也大致如此，在保留部分传统项目的前提之下，似乎都在力图翻新，使菜肴的格局产生了变化。随着旅游业的发展，各地农家饭庄也正在崛起，农家虽无菜系可言，但各自的特色自有它的诱人之处。可以说，整个饮食业的发展也进入了全面启动的状态。面对盛兴的局面，难免也有值得反思之处，由于人流往来的频繁和信息交流的迅捷，区域之间的趋同化现象较为严重，许多菜都是吃遍天南海北一个味，真正的自我品质被削弱了，无疑，这是在饮食中对文化含量追求的缺失。通过纪录片《舌尖上的中国》的播映，我们应从中受到启发，回顾老传统，注入新观念，以求创造饮食文化新的辉煌，既要吃出美味，更要吃出健康，这是大家共同的期望。

（作者系金坛人，国家一级美术师、中国美术家协会会员、中国书法家协会会员、江苏省花鸟画研究会副会长、江苏省作家协会会员）

群鱼荟萃

莎 莎

清乾隆年间十月的一天，被随从称之为“三爷”的带领一班人一路游荡来到了江南。途经长荡湖时至傍晚，天已渐暗，三爷正兴致勃勃立在船头欣赏江南夜景。不远处一艘艘渔家小船已在船头挑起了灯火，一阵微风吹来，三爷猛一激灵，一股诱人的酒菜香味扑面而来，细细地用鼻嗅了嗅，心想那到底是什么样的美味做得如此喷香勾人魂魄？瞬间，顿感饥肠辘辘，忙一收折扇直指前面一艘渔船吩咐随从快将船靠过去。

老实巴交长年在湖中以打鱼为生的李四正坐在船头把酒小酌，忽见有一条大船突然快速靠近。心中一惊，心想这么晚了怎么还……正想着，三爷手执折扇已一个箭步跨到了渔船上，李四一愣，满脸又惊又怒，刚端起的酒杯“啪”的一声掉在船板上摔了，这时，挂在船头的灯忽然也一下灭了，李四顿感有不祥之兆要发生，心想：坏了，今天莫非是遇上强盗了，要不这人怎么这么没规矩，没请就上船了。刚想责问，隐约中却见来人彬彬有礼，双手抱拳：“哈哈，老船家，打扰了。”

不好再说什么的李四哆哆嗦嗦地将灯重新点亮后朝来人一个劲地看，半天才嗫嚅地说：“你、你想干、干什么？劫财？我没有。上午卖的鱼钱都交衙门了。劫色？更没有！就我一个人。”三爷哈哈一笑，说：“老船家，你误会了，我是闻香而来啊。”

“呦，你，你这是怎么说的，哪有什么好香的，你这不是在寻我开心吗，你这是从哪里来？”

“我们是从京城来，路过此地。”

“噢噢，是这样啊，那好，来的都是客，来来来，既然来了，那就都请到船上来喝一杯吧。”李四随即招呼大船上的其他几位，可招呼半天，大船上的几位只是一个劲地挥手后退就是不上渔船。李四忽然明白，上得此船的必定是个爷，其他几个该是伙计才是。于是便不再勉强，笑哈哈道："这位爷，不怕你见笑，哪有什么好吃的，你看看。"

借着船桅上挂着一盏灯笼发出的昏黄火光，三爷定睛一看。船头中央置放的一张小方桌上，仅仅只放着一盆装得满满已烧好的鱼，旁边有一小酒盅、一副碗筷，再无他物。

三爷收回目光客气地说道："还说没什么好吃的，你看我的鼻子都被香味勾跑了。"

李四忙从船舱里端出一张小凳，"来来来，这位爷，就请坐下吧，陪我喝一盅怎么样？算陪我唠唠。"说着，顺手从边上的竹篮里拿出一副碗筷酒盅。三爷也不客气，径直坐了下来，心想：就等你这句话了，说道："老船家，谢谢，恭敬不如从命。"

"你说哪里话呢，今天算我有福了，你是我请都请不来的远道贵客，来来来，吃吃吃呀，靠山吃山、靠水吃水，这些都是长荡湖的小玩意儿。"说着用筷子指了指盆中的鱼。

三爷笑了笑，刚端起酒杯直听"咚咚"两声，船一颤，一高一矮两个随从也已从大船上跳到渔船上，一个夺过酒杯，一饮而尽，另一个也拿起筷子夹了一块鱼放入口中，然后各自将酒杯筷子在衣袖上蹭了蹭，又放回原处，没事似的手一背立在一旁。三爷面含愠怒狠狠地瞪了他们一眼，却没吱声，心想这俩家伙明里嘴馋，暗地里……

李四很是纳闷，这是干的哪一出？刚刚请他们上船他们不上，不请他们，他们却都跑到了船上，而且还不用请就抢吃抢喝，看来还真有名堂，虽心里不快可还是客气地说道："想吃就坐下一起吃呗。"可是那两个随从这时又像是木棍一般立在那儿一动不动。

三爷笑了笑，说："不管他们。"

这时，矮个随从附在三爷的耳中嘀咕一句："不好，好多船都围了过来。"三爷先是一愣，随后若无其事地环顾了一下四周，这时，好多的渔船已悄悄地将他们围得水泄不通，一个个渔民手执鱼叉怒目圆睁。李四这时也发现情况不对，忙起身一看，心想：糟了，这是怎么弄的？

"大家误会了，这几位爷是路过的，没什么恶意，你们这是干什么呢？"李四忙向大家赔着笑脸。

"那你刚才怎么还发信号？"渔民们虽感奇怪，却不免有些责怪。

"啊……嗨，刚才我那是不小心把酒杯弄碎了，灯也不知是怎么灭的，都怪我，对不起大家了。大家还是回吧，这样叫客人可怎么……"

三爷这时也已站了起来，朝大家左右抱了抱拳，说道：“对不起，对不起，惊扰大家了。”说完，见船民们依然那么立着，根本就没有走的意思，像似又在等待着什么。他便独自坐了下来，抿了一小口酒，伸出筷子，夹了一块鱼肉放入口中，顿感一股满足的香味溢满全身，像神仙一样飘飘然。

“啊，这是何等的美味！”他不禁发出一声长叹，心想在宫中又怎能品尝到如此人间美味呢？都是一鱼一道菜，哪有这种做法，这么多的鱼混在一起做的。三爷不禁问道：“老船家，都是些什么鱼，又是怎么做得如此鲜美呢？”

李四哈哈一笑，答道：“早上打的鱼，挑到镇上去卖了，临了就剩下这么些小的了没卖出去，晚上我就一锅烩了。不过，现在这个时节，正是稻黄蟹肥湖鲜最美的时候，你来得正是时候，哈哈哈。”说完李四与三爷一碰酒杯，继续说道：“你别说，这里虽不全湖中八鲜，不过，这里面也不亚于八鲜，这里有鲹、鲦、藻虾、痴鱼、泥鳅、昂公、黄鳝、鲫鱼、鳊鱼哎！”

三爷微微点头：“难怪这味道这么鲜美，原来这里面有这么多种鱼啊！”

忽然，不知是谁喊了一声，县衙里来人了。顿时，密不透风围成一圈的船，突然分开一道水路，一艘小船径直靠了过来。原来，当一艘莫名的大船靠上李四的船之后，就迎来了其他船民的注意，突然间又发现李四发出的信号。船民们一看有情况就派人报告给了县衙，县老爷一听这还了得，随即带领一班衙役直扑过来。船没靠近，县老爷就高喝起来：“谁呀？胆敢在此闹事。”

待船靠近，县老爷从侧面一看，心里一惊，这人头戴瓜皮帽，身穿长衫，手握执扇子，悠然自得地坐着喝酒，气度不凡，想必一定有来头，再看后面一左一右两个保镖，心里顿时有了几分揣摩，声音也变得柔软许多：“客官，你是从哪里来？”

三爷转过头来朝县老爷看了看，这一看，县老爷吓得“扑通”一声跪了下去，不由自主地喊了声：“皇上”。这一声虽不大，可如炸弹一般在长荡湖的上空炸响。所有的人都听得真真切切，吓得都“扑通”一声跪下了。三爷：“嗯……你认错人了吧？”随即，几名随从也吼道：“眼睛看清了，这是京城的黄三爷。”县老爷吓得浑身发抖，头压得很低，少顷，微微抬头，只见黄三爷给他使了个眼色，他毕竟是钦点的状元。一看就知何意。稍一思忖，便毕恭毕敬慢慢地站了起来：“哦，原来是黄三爷啊，真是对不住，让你受惊了。”县老爷知道，皇帝事先没有告知，一定是在微服私访，自己又怎能公开呢，便顺水推舟说道，其他一班下跪的人见这么一说，也都站了起来，大家骂骂咧咧的，也轻松了起来。县老爷嗫嚅道：“那黄三爷可有什么吩咐？”三爷也不答语显得若无其事地对李四说道：“船家，那这道菜你们叫它什么名？”李四头嗡嗡的，一时也没反应过来，三爷又重复地问了一遍。

“名，什么名？我们也不识字，从来就这么吃着，也没起个什么名。”“这么好吃的鱼，哪能没个名呢？”

“要不你这位爷，走南闯北，见识广，你就给起一个吧。”三爷稍一沉思，便脱口而出：“就叫群鱼荟萃。”这时，县老爷突然来了精神，声音也高了许多，“你们大家都听着，从此这道菜就按黄三爷说的，就叫‘群鱼荟萃’，谁也不准改了。”

从此，“群鱼荟萃”就一直流传至今。

（作者本名莎莎，供职于金坛公安分局）

真味只是淡

汤云祥

很少有一部纪录片能有如此高的收视率，但《舌尖上的中国》确实是作为一部国产纪录片而在眼下大火特火了。这部纪录片一下子调动起所有中国人的味觉，让人们暂时忘却了在中国还有形势严峻的食品安全问题，都恨不得跳进镜头去做一个幸福的“吃货”。

一直以来“吃货”这个词都是很有点重口味，人们尤其是女人都避之唯恐不及，害怕一旦和这个词沾上些许联系，就会和淑女、优雅等美丽清新的形象远离。但现在大家再说到这个词时，说者是一脸羡慕，听者是一脸的幸福，因为现在做一个吃货一定要有一个好的胃口，还要有一个怎么吃都能保持好身材的本钱。

女人大多是吃货，女人的情感比男人丰富，同时女人的味蕾也相对比男人要敏感，而心思细密的女人，在味觉上也要比男人精致得多。尽管女人平时吃饭时要数着碗里的米粒，和盘里的荤腥决斗，但遇到自己真正喜欢的美味后，便会情感战胜理智，痛痛快快解除武装，大快朵颐。在刚刚舒服地打了个饱嗝之后，便又忙不迭地哀叹一句：“完了，今天又要长几两肉了！”女人一方面难以抵御美味的诱惑，一方面又要和身材做殊死搏斗，所以女人作为吃货很是揪心。

相对于女人，男人作为吃货要心安理得得多，男人可以腆着大肚游走于各种美味之间而不自惭。梁实秋在写男人爱吃时说：男人三天不吃肉，就嚷嚷“嘴里要淡出个鸟来”，如果真要是三月不吃肉，岂不是要淡出个洪水猛兽来，见到鸡毛掸子也要流口水了？孔子听韶乐三月不知肉味，真是夸张，想来是条件不好，吃不上肉，故意用这话来掩饰自己的尴尬吧。

春秋时期郑国有个叫子公的人，每逢遇到美味就会食指颤动不已，从而就有了“食指大动”这个成语。苏东坡的文章天下独步，同时他也是一个不折不扣的大“吃货”,他在得意的时候吃遍天下珍馐,在落魄的时候就自创了许多美味,什么东坡肉、东坡肘子、东坡饼等,至今他独创的菜肴还如他精彩绝伦的文章一样脍炙人口。

历史上最专业的吃货应该是清代的文学家袁枚,他所著的《随园食单》一书是我国清代系统地论述烹饪技术和南北菜点的重要著作。这本书文字简单清爽,人人都可照着去做,他还将某菜做法,出自何人何家大都写了出来,实在是一本吃货的必读之书。“取肋条排骨精、肥各半者,抽去当中直骨,以葱代之,炙以醋、酱、频频刷上,不可太枯。”

根据袁枚的《随园食单》,《新周刊》上每期都有一篇关于美食的文章,是一个叫“二毛”的吃货开的专栏,叫作“随园食鉴”,他把文学和做菜结合起来,使煎、炸、烹煮的油烟味变成书香味。他写道“在灵魂和肉体之间/排骨孤傲地把滋味悬着/等待着糖醋/孜然或者糟香/高手用烤来触及/用蒸来安慰/在烹和调的双向味道上/尾气排放着排骨之香”。

吃货都善吃,但是真正能吃出艺术吃出味之真谛来的寥寥可数。在看《舌尖上的中国》之前,我爱看旅游卫视的走遍天下,其中有一个矮胖的大叔,每到一处便要尝遍当地的美食,他有两片丰腴肥美的嘴唇,当他吧咂着沾满油脂、娇艳欲滴的嘴唇时,我指望他能在镜头前好好向我们叙述一下细节之美,可他每次只能说“不错、不错”,让坐在电视机前的我大失所望。

以前在《读者》上看到一篇叫《第九味》的文章,文章中的曾先生是吃货中的皇帝,他不仅懂得吃的真谛,更是把味道当成一项艺术,把味道的细节分解得美轮美奂,吃出了美味的最高境界。曾先生能尝出酸、甜、苦、辣、咸、涩、腥、冲八味之外的第九味。他嗜辣,说这是百味之王,是王者之味,有些菜中酸、甜、咸、涩交杂,曾先生谓之“风尘味”。而甜则是后妃之味,最解馋,最宜人,如秋月春风,但用甜则尚淡,才是淑女之德,过腻之甜最令人反感,是露骨的谄媚。

对于咸、苦两味,曾先生说道:“咸最俗而苦最高,常人日不可无咸但苦不可兼日,况且苦味要等众味散尽方才知觉,是味之隐逸者,如晚秋之菊,冬雪之梅;而咸则最易化舌,入口便觉,看似最寻常不过,但很奇怪,咸到极致反而是苦,所以寻常之中,往往有最不寻常之处,旧时王谢堂前燕,就看你怎么尝它,怎么用它。”

在古代要做个吃货不容易,因为美味难寻,但现在生活条件好了,是吃货的黄金时代,各种美味几乎唾手可得,但同时,吃货的幸福也会变成痛苦,许多人因为贪吃贪喝而导致许多“富贵病”。《菜根谭》上说:“爽口之味,皆烂肠腐骨之药,五分便无殃”。所以吃货也要懂得调节自己的身体,对于美味的索取也要适可而止,毕竟“醲肥辛甘非真味,真味只是淡”。

(作者系江苏省作家协会会员、金坛区作家协会副秘书长,现供职于金坛区公安分局)

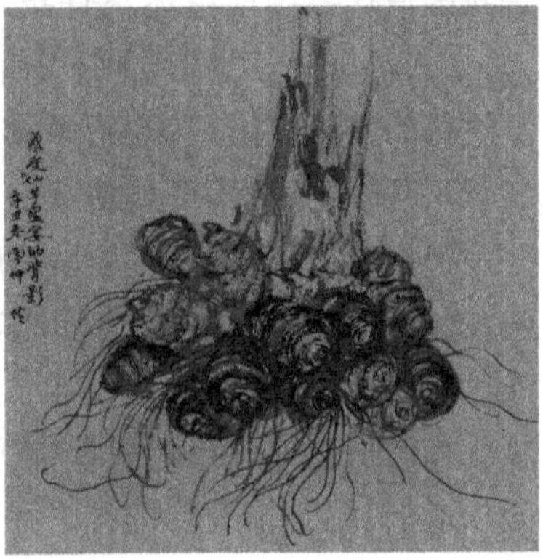

感受“仙芋盛宴”的背影

孔章圣

当我置身于满满一桌的红香芋盛宴时，委实有点惊奇。

惊奇的还是《每日农经》栏目编导给我们设置的情境。

什么“相思八大王”(香芋王和朱林水芹等八种素菜的拼盘)、“芋泥蛋卷”、“红霞双头”(红烧芋头和鱼头)、糖焗籽芋……摄像机对着，我们不得不老老实实地坦白对每个大菜的感受。虽然，满嘴油腻，话语还是喷香的。

这还不算，这《每日农经》是在中央电视台7套农业节目播出的，编导吴兴民问了我们这样一个问题：“你们金坛发生的天仙配故事大家都知道吧？董永有一句‘我挑水来你浇园’，那么董永的这个园子里到底种的是什么呢？”

还真没考虑过。

看来，这“红香芋全席”还蕴藏着另外一番滋味。

更惊讶的是第二天，在建昌红香芋的种植基地上，CCTV记者张苑对着拍摄她的镜头说：“这董永家的园子里呢，种的其实就是它——红香芋！”

头一回听说。

在2011年国庆节，央视记者给了我惊奇。

照这么说，昨晚尝的是“仙芋盛宴”了。

董永家园子里种的什么，今天的新闻工作者都能挖到，可想她们的专业精神。总算见到研究型记者了！研究型记者，是当下全球新闻队伍最缺少的，这回，我真的算开了眼了。

好在，当地人考证过，建昌红香芋的种植历史有3 000多年了。董永与七仙女的故事发生在汉代，也不过2 300多年，而且，农家的菜园一年四季种的东西可以换茬，种点红香芋也在情理之中。所以，董永家园子里种红香芋，即使不是研究深挖出来的，而是歪打正着的，说不定也是往靶心碰了。

和我的思绪一样，张苑记者也在往靶心渗透。

她扒开了土，发现母芋表皮的颜色是那一种粉嫩粉嫩的，然后还带一点红色，非常好看啊。她睁大了疑惑的眼睛求证："是因为这个原因所以叫它这个红香芋吗？"

红香芋种植专业户王国平顺口就答："对。它这个皮是红的，芽嘴也是红的，所以叫红香芋。"

原金坛市农业推广中心研究员张洪海则说："明显看出，红香芋要比普通芋头的颜色深一些，白里透红，煮熟掰开后，红香芋的肉颜色红润一些，普通芋头的肉更白。"金坛红香芋种植区温湿的气候，密布的水网，地壳大裂变造成的螺蛳壳堆积在地表，使土壤钙质增多，加上特有的乌散土土质（我们当地叫"小芬香土"，闻着有股香味），这些元素浸润到红香芋中，就造成了红香芋和其他地方芋头颜色和口味的不同：芽尖粉红，皮红，肉白，另外质地细腻，口感粉糯，香味浓郁。

巧了，江苏省农业科学院研究员石志琦因为助推红香芋的母芋"变废为宝"项目，也在收获现场，CCTV记者又岂会放过她？

过去，我们一般用来食用的红香芋，是长在母芋周围的子芋或孙芋，缠绕在母芋四周的子芋或孙芋有18个到20个，一亩地产量在3 500斤左右。但母芋因为硬度较高，采收的时候就被老百姓废弃了，每亩地有900斤左右，这种浪费，比浪费1 000斤稻谷还可惜。江苏农科院的项目就是针对这种纯天然、粗纤维母芋向"袋装方便食品"转化的，自然大受芋农欢迎。

石志琦研究员倒也从容："这种芋头营养价值比较高，开发成'芋片'，附加值不会比'薯片'差。外形大家也看到了，红红的，很讨喜，看上去吃下去都是很舒服的。美食美食，外观美是基础；吃进去，再心里美，营养价值得到发挥，就是一件美事。"

又是一个"红香芋全席"的大餐。

桌上，大家对着镜头夸赞——

"剥开来看它有这个丝，特别黏，口感比较细嫩。"

"特别它这个口感糯性和黏性都非常好。"

"要是吃别的东西吃这么多，早撑得慌了，怪了，吃了这么多红香芋，胃里不堵。"

"据测定，红香芋富含钙、铁、粗蛋白、全磷、粗纤维等十多种可以被人体直接吸收的营养元素；同时含有苏氨酸等18种人体需要的氨基酸。具有开胃生津、补气益肾、祛除瘰毒等功效呢……"

话题又转到红香芋与天仙配的故事上来了。就剩我没有发过话了，《每日农经》编导吴兴民就在这时把皮球踢过来了:“听说在当地,关于红香芋的‘红’,还有一个美丽的传说呢。孔老师给说说?”

我自小生长在金坛,听说的故事多了,什么王母观是王母娘娘到长荡湖畔找七仙女时留头钗做记号的地方啦,什么天荒湖是因为见证董永与七仙女的爱情“天老地荒”而得名的,等等。对红香芋的“红”,只有一个隐约的记忆了——

七仙女被王母娘娘带上天的时候,她必须洗净人间的俗气,否则,她上不了天。当然,她借口去天荒湖里洗,也有给儿子董仲舒留下一点印记的意思。谁知,由于她穿着董永给她的红肚兜,这红肚兜是家纺粗布做的,染色不是很好,加上被七仙女的体气熏得落色,洗的时候把天荒湖的水染红了。正是香芋田灌溉季节,用这染红了的天荒湖水灌溉了芋田,芋头的芽头和皮肉就染上了红色。天荒湖在汉朝是长荡湖畔的组成部分,所以,天荒湖周边的儒林镇、指前镇、金城镇、尧塘镇、朱林镇等地,由于土质等自然条件与张洪海研究员所说的建昌一样,“小芬香土”上所产红香芋也有粉糯和黏嫩的口感。虽然,红香芋的红色在煮熟后或放置一段时间后会稍微褪去一些,但红色基因由于带着七仙女的“仙气”,两千多年来经久不衰,明眼人一看,就知道是不是产于长荡湖畔。因此,说红香芋这个金坛特有的国家地理标志农产品是“仙芋”,一点也不为过。

“仙芋”!

2011 年 10 月 24 日,我的这段“说者无心,听者有意”的话,在中央电视台 7 套播出后,电话就没断过。

“仙芋! 你们金坛有仙芋。就冲着吃顿仙芋,我定要到你们金坛会会老朋友去! 欢迎吗?”

当然欢迎。你来了,我就有陪吃的机会了。

因为,我就馋这口。

谁叫这红香芋沾着七仙女的“仙气”呢!

(作者系中国写作学会会员、中国报告文学学会会员、中国科普作家协会会员、中国民俗学会会员、中国民间艺术家协会会员)

腐乳蛳螺，鲜美入歌

何润炎

说到地方美食，人们或会追溯它的起源传承，或会褒奖它的品牌影响，而一道名不入菜谱、物不登大雅之堂的乡间“小鲜”，不但曾受一方百姓的厚爱而流传一时，甚至还被写入歌词，并由名刊登载，名作曲家谱曲，名剧团名演员演唱，这就鲜见了。这道“小鲜”是什么呢？就是长荡湖边的水鲜美食——腐乳蛳螺，说到这一民间土菜，自然话题也生鲜蕴趣，今拟文书它，极有举荐、“捧场”的意义。

20 世纪 60 年代，作为上山下乡知青，我从常州到金坛涑渎公社农村插队（现涑渎乡并入金城镇），过上了水乡农民的生活。涑渎这地方，前临长荡湖，后倚钱资荡，中间还有众多水面开阔的河荡，是金坛鱼米之乡中名副其实的水乡明珠，因离金坛城较近，古有“金沙银涑”之美称。籍居此地的乡民，开门见水，农事涉水，住所依水，度日靠水，于是大湖小河中的各种水鲜，也就名正言顺地成为一方美食。由于当时人们生活还不富裕。上桌面的鱼类虾蟹多去市场交易，以换取生活所需，而水中易捕易摸的蛳螺，便是乡民信手而得的水鲜了。长荡湖、钱资荡水域里的蛳螺，个大、壳薄、肉厚，乡亲们捕摸蛳螺有好多方法，如冬天用网耥，夏天下河摸，春天在罱泥面上拾，秋天在菱盘、荷叶反面“摘”等。捕蛳螺的过程也极富乐趣，我后面将说到的歌词《水乡姑娘耥蛳螺》中这样描绘：“农家姑娘多乐趣 / 三五成群去耥蛳螺 /掀开蒲，撩开柳，耥网贴着河底走/ 湿漉漉的笑语篙稍上颠 / 脆亮亮的小曲洒水波……”形象地展示水乡人营造美食，享受生活的生动氛围。食用蛳螺也有好多吃法，如蛳螺肉炒韭菜，蛳螺肉作馅包团子，蛳螺肉末豆腐汤等，而最美的吃法是：将蛳螺洗净后，剪去屁股，加油、酱、酒、姜、葱等煮后吸食。腐乳蛳螺就是在煮蛳螺时加入腐乳卤而烧出的乡间土菜，它味纯肉嫩，鲜美香津，是湖畔乡民最爱做、爱吃的家常菜。乡民们也不知这道菜起做于何年何月，自己考证自己认为：旧时农民生活清苦，只有到过年时节才做点豆腐，为让豆腐“细块长留”，便做成腐乳，慢慢食用。在煮“蛳螺”时，为节省用盐，顺手倒入点腐乳卤和蛳螺同煮，谁知这一节盐烧法，造就了一道美食的诞生，经腐乳汁烧煮的蛳螺，其味更加鲜美，因为腐乳卤本身就很鲜，再浸入螺壳内，是两鲜合一的美菜了。说到腐乳蛳螺的形成，另有一则民间故事：湖边某村上有个地主，为人吝啬。雇一长工为其干活，给长工吃的下饭菜，是自己好菜好肴享用后的剩汤余汁，长工无菜下饭，只得在家中起早摸黑，将摸得的蛳螺煮熟后带来将就，长工更无钱买盐，便用地主给他下饭的腐乳汁拌而食之。一日，涑读镇上一镇官带着小吏到地主家行差，正好长工下地干活，小吏见桌上碗内还剩数粒蛳螺，便信手拈来尝了几个。镇官见后大骂其：“放肆”。小吏忙“奉腴”：“大人，此螺好鲜味！”镇官不信，也尝了一个，顿时抿嘴展眉，连声叫好，问起地主，才知这是长工自制的下饭菜，回府后，即差人摸来蛳螺，如法炮制，腐乳蛳螺就这样在湖乡流传开了。

我在农村 10 多年，也常食蛳螺，也常向村民讨来腐乳卤学着做，但总没有村民做得好。其实要做好这道菜，农家也有“蛳螺经”：一是煮螺时下的腐乳汁要恰到好处，汁放多了，会“腌”去蛳螺的原味。汁放少了，吊不出螺壳内的鲜味。二是煮螺时要掌握火候，灶火不能太旺，要文火悠烧。让腐乳汁慢慢融入螺内，但又不能煮时太长，煮时长了，螺肉变老，吸不出，煮时短了，腐乳汁不入螺壳，难有鲜味。“小鲜”虽小，烹饪却大有讲究。当然，腐乳蛳螺，味道再美，食者再多，在当年大鱼大肉作为美食的年代，人们在操办正式宴席时，它还是上不了台，登不上堂，不像今天的人们吃腻了大鱼大肉、土菜杂鲜，蛳螺反倒成为酒席上的稀世佳肴。

“民以食为天，近水先尝鲜”，当时湖畔乡村，只要有人捕到蛳螺，绝不会放弃煮腐乳蛳螺的好餐。如若哪家未做腐乳，煮螺时还会拿个碗、勺到左右邻家“乞要”。有的人家蛳螺煮多了，还会东一家、西一家的送一碗。谁家煮了蛳螺，当有村民从他家门口路过，都会不请自进，坐下来抓一把自食乐吸。湖畔村庄常是一家煮螺，满村飘香，吸螺声伴谈笑声，在村上“串门走户”、此起彼伏，久久萦回，一道土菜，既融合了村民的情感，又鲜美了日常生活。

我当时在农村，闲暇之时爱好写作，后被选调到公社文化站工作。公社成立毛泽东思想文艺宣传队，排演节目时，我创作了一个女声表演唱《水乡姑娘耥蛳螺》，节目中也有这样的唱词：“蛳螺肉美，蛳螺肉鲜 / 阿妈用它炒嫩韭/ 剪去尾，煮整螺，水乡土菜是腐乳螺 / 自家烧，邻家送/ 阿爸用它下老酒 / 兴冲冲挑担鲜螺去赶集 / 城里人夸它是小‘肉罐头’。”这个节目曾参加金坛全县农村文艺会演，得了创作一等奖，还在公社十四个大队巡回表演，得到了农民热烈的掌声和好评。1979 年，我依依惜别长荡湖，回到了常州，业余仍爱好创作，发表了不少有关湖乡题材的诗词。1986 年我参加了由苏、沪两地音协联合举办的“江南春”音乐创作笔会，我又将《水乡姑娘耥蛳螺》重新修改，被举办方选用刊载于《上海词刊》，后经我省著名作曲家路行先生谱曲，主题又有了升华，歌名改为《江南的故事在水里》，又发表于《上海歌声》，上海歌舞剧院还选用该歌，并由知名演员演唱。当年常州音协副主席钱勤先生，曾去上海录制磁带，在市工人艺术团演出，一时成为佳话。

腐乳蛳螺，作为金坛乡间的小小美食，能荣登知名刊物，荣受知名剧团选用、知名演员演唱，是不起眼中的了不起，是不登大雅之堂的大亮相，它经历了美食进美文、美食入美曲、美食载美刊的一段情缘，也是美食与文艺互为出彩的相得益彰。其实，不论是获奖、出版和演出，它不仅仅是宣扬了一方美食的知名度，更抒发了水乡子民的心音，唱活了水乡景韵的灵动，赞美了美丽金坛的风土人情。

如斯，昔日长荡湖畔的小小水鲜——腐乳蛳螺，应作为金坛的美食品牌，再度推广和提携，让其鲜美久远，赞誉广传，风光乡邑，驰名江南。

（作者系下放知青，曾在金坛插队入户）

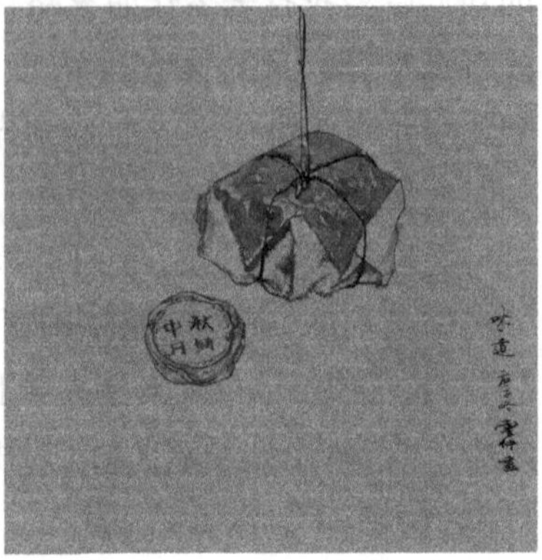

味　　道

祁冻一

其实，写下这个题目的时候，我并没有想好要写哪种美味，什么味道，只因这篇文章确定要写关于美食的主题，与味道有关，也就以此为题了。不过，此时的我，酸、甜、苦、辣、香、咸、淡却因此在舌尖慢慢弥散开来，闭上眼睛，神游驰骋，一下子竟也尝遍了天下美味。

生活大概是不缺美味的，味觉随时都会在一声赞叹中苏醒。只是行走在时光里，有的被淡忘了，有的忽然印在了记忆中，从此挥之不去。而当记住一种美味的时候，或许就记住了一个人一件事，或者一个地方一段经历，渐渐地，那种味道成为身体和思想的一部分，可以感知可以回味，缥缈而真切，依稀却深刻，天上又人间。

我之所以这样觉得，是因为我认为我可以顺着某种味道，寻找到某种记忆，如梦如烟，袅袅不绝。不像外婆老屋门前的青石板，一块一块地消失，现在已所剩无几，踏上去空空的，遥远的岁月变得茫然虚无。

我试着拨动记忆中童年的味之弦，弹起那个埋头贪吃的小小音符，再加上一些想象，渴望那些美妙的味道似音乐般流出，好在我的文中有一场童年的盛宴。

记忆中，那些田埂边的茅草芯、灯笼球，还有院墙边的美人蕉花蕊，甚至油菜花蕊，都曾是我童年解馋的美味，但这些甜涩的味道，仅仅是童年味觉的荒诞小插曲。只有每天的三餐，才是美味的盛大启动，一次狼吞虎咽的急行军。我的记忆中，今天吃什么，吃多少，有没有肉，都是外婆早早计划好了的。不像有的人家，午饭多烧些到下午就当“点心”，晚饭剩下来就有了“夜宵”，这样的人家，又时常向外婆一碗米一碗米地借去，总不见还。母亲是最会给我惊喜的，经常会从手心里变出一块糖或一把花生，足以让我甜上半日兴奋一天。因而很小的时候，我总是以为，被大人们掌控的美味才是最美妙的，这些美妙有时就神秘地躲在大人的口袋里或手心里。

我不知道是几岁记事的，顺着味道去想，应该比较早的。记得母亲在白塔北庄小学教书时，和村里的姑姑、奶奶们处得极好，她们常会送一些好吃的给母亲。一天，村里的小脚四奶奶乘母亲在灶膛升火，偷偷把和好的一个面团放在灶头上，没等四奶奶颤巍巍走远，母亲突然冲出来，“鬼呀鬼呀”的大喊大叫，说灶头上有个骷髅头，把小脚四奶奶吓得险些跌倒。那年我好像三岁，也可能四岁吧，反正那天我瞪大眼睛，吃了“鬼”做的面条，满口软软的、滑滑的，一点没有鬼那么可怕，真得很好吃。从那时起，我小小的心里隐约多了一份对美味的期盼。

成年时逐渐理解，小时候对美味的那种期盼，大约与长大后对某种理想、某件事情的期盼是一个感觉吧。这种感觉，可以化为甜甜的或酸酸的味道，在心底充盈，盛放着生活的点滴，有时是温暖的，有时是失落的，有时又是意外的。

记得六岁这年的中秋前，母亲从学校带回一卷油亮亮的纸，一股葱香味扑来，母亲告诉我是葱油月饼。母亲没有拆开，看着我馋馋的样子，摸摸我的头说，等外公、外婆回来先吃，小孩子才可以吃。那时，母亲已教给我们姐妹懂得，好东西应先留给老人吃。这种观念一直伴随着我，欣慰的是，现在自己的孩子也在这样做了。

我知道，我应该等待。母亲把月饼放进一个竹篮，挂在屋梁拖下的一根细钢丝上。那篮子随风摇啊摇，像母亲哼唱的歌谣，飘过来阵阵浓浓的葱香。

屋梁并不高，拿张板凳站上去就能够着，但我知道这样不好。外公家的屋子，其实是有故事的。外公有兄弟六个，曾祖父早逝，外公是老二。大家庭拖儿带口的，全靠老大、老二辛苦经营。那一年，大公公准备砌十几间房屋，好让弟弟们住宽敞些。可是，房子刚砌好就遭遇“运动”，一夜间新屋旧屋全被没收。我的外公因为只有母亲一个子女，就只分到最西边一间矮矮的副房，一扇窄小的门，是整排房子唯一朝北开的。

我六岁时，母亲调到了外婆家的村子教书，学校在村外，母亲害怕，带着我们姐妹仨一齐挤到了外婆家。冬日，阳光从南边不大的窗口射进来，屋子显得特别暖和特别明亮。那时，我喜欢拿着大姐的小圆镜，对着阳光，照出黄闪闪的“老鼠”在幽暗的屋子里乱窜，逗得小猫跳来跳去，以为又能得着一顿鼠肉大餐了。其实，我最喜欢的，还是趴在窗台嗅闻阳光的味道，我觉得，这味道与外面苍白的光亮是如此的不同，它们没有外婆炊火时的香味，没有大姐雪花膏的香气。

等待是漫长的，迫切的期盼支配了我的眼神，我总是抬头看那挂着的竹篮，小小的味觉里急切地想充实葱油月饼的记忆。我盼着外公、外婆快快从田里回来。

我屏息细听，哪怕一点点风声，就会探出头朝门外瞧瞧。其实，小小的我并不知道，当时正值农忙，外公、外婆披星戴月回到家时，我已和着月光，在葱香的包裹中进入了梦乡。早晨睁开眼时，外公外婆早就到了田里。即便回到家，也根本顾不上去拆开那个油亮亮的纸包，他们总在忙碌着。我似乎只有等待。

就这样到了第三天、第四天，我发现，外公通常是穿的草鞋或赤了脚的，难怪总听不到他的脚步声，不过这两天，在长巷东头转弯的地方，只要听到一声沉闷的咳嗽，准是外公回来了。而当巷子里传来"咩咩"的叫声时，就是外婆牵着羊回家了。这应该是我的重大发现，而且每次都非常准确。有次，大姐正好在家，我把这个秘密告诉了她，结果在晚上，大姐笑眯眯地给了我一块不知哪儿来的糖。这种发现的喜悦，已远远超过了竹篮里挂着的诱惑。原来，在对美味的期待中，我居然收获了美味之外更强烈的快乐！

对于无忧无虑的孩子，生活中有太多的事物可以去好奇，也有太多的味道愿意去尝试。总之，我不记得母亲带回来的月饼最后是什么时候吃的，也不记得那年的葱油月饼究竟是什么味道。有一点，我是弄明白了的，母亲为什么要将月饼挂起来，并不是怕我拿了吃掉，而是防止老鼠们来偷食，它们的胆子可比我大多了。但是，到现在我都敢肯定，那个中秋的夜晚，大家一定是围坐在月光下，一点一点地分享着那卷香香的月饼，我呢，当然也品尝了一次童年最盛大的美味。要不，如今那么多五花八门、包装精致的月饼，为什么我独爱素素的葱油月饼呢？也许，那散发葱香的月饼，确实能够帮我找回童年期盼的感觉，找回故乡亲切的味道吧！

笔落到这里，我还是没能写出什么实实在在的美味，但我觉得，赋予某种味道温暖的思念，总比正在舌尖上实现的美味，能更快地在心中蔓延开来……

（作者系常州市作家协会会员、金坛区作家协会理事，现供职于金坛区人民法院）

大麦粥香

张　琼

记忆中，暑假的味道，就是大麦粥的味道。小时候，一放暑假，我就会去乡下的外婆家。外婆每天早晨都会煮上一大锅大麦粥，等到放凉了，来上一碗，顺滑香醇，十分可口，解渴又清热解暑，真正比任何消暑的饮料都来得爽快呢！配上自制的雪里蕻或是萝卜干，真的是别有一番风味。

大麦粥是我们金坛的一种特色农家食品，一到夏季，家家户户都有喝大麦粥的习惯。大麦粥不但好吃，对身体也有益处，从中医养生的角度看，大麦粥有两大功效：一是健脾和胃。夏天气温升高，暑湿气盛，容易引起脾胃功能受损，胃脘胀满不适，食欲不振。同时，暑热伤阴，使人口舌干苦。中医认为：大麦入脾胃二经。夏天坚持食用大麦粥，能起到养阴和胃、促进消化的作用。二是消暑解热。夏天很多人都会感到暑热难耐。其实暑热有两种，一种是内热，一种是外热。空调、电扇只能帮助人们解除大汗淋漓的外热，而大麦性偏凉，既能解除外热，也能消除胃脘不适、口干口苦等内热。所以建议大家在夏季最好坚持喝大麦粥。

大麦粥好吃，且制作方法也比较简单。煮粥时取适量大麦粉用清水调匀，等水煮开后，将调好的大麦粉慢慢倒入锅中再加入适量的碱，待粥色偏黄，呈淡咖啡色时，大麦粥便制作而成了。开锅之后，麦香浓浓，炎炎夏日之下，没有食欲的话来一碗大麦粥便也胃口大开了。大麦粥的稀薄浓稠皆可应时而变，稀薄的大麦粥解渴、消暑，但作为主食或是对于劳动力来说，可能不能填饱肚子。这时候，也可放入一些剩下的米饭，或是夹几块面疙瘩，也可放入一些米粉团子，既好吃又充饥了。

大麦粥在金坛历史悠久，食不果腹的年代，人们靠大麦粥作为主食填肚充饥。农忙时候，煮上一锅大麦粥一吃就是一整天，既省粮食又省时间。说起大麦粥的历史，倒是有这样一个故事：当年陈毅元帅在青黄不接的四月来到了建昌圩，圩里村上十家有八家锅底朝天。好客的小红妈急坏了，好不容易才给煮了点大麦粥加山芋干。开饭时，陈毅元帅捧着大麦粥，连吃了三大碗，风趣地说："乾隆皇帝下江南时吃到了大麦粥，回到皇宫时还想吃，可御膳房做来做去，他总说没有乡下的那碗'珍珠汤'好吃，你们可别看轻了大麦粥，这可是皇帝想吃也吃不到的啊！"战士们都乐得笑起来。

如今，人们的生活日新月异，发生了翻天覆地的变化。鸡鸭鱼肉是家常便饭，山珍海味已不足为奇。大麦粥已渐渐消失在很多家庭的饭桌上，前几天去外婆家，又喝到了久违的大麦粥，既熟悉又惊喜。所以，我赶紧带了些大麦粉回来，准备喝一个夏天的大麦粥了。吃多了大鱼大肉易得"三高"，偶尔吃吃大麦粥，才更加有利于身体健康。

外婆说："每年她都会给在外地的舅舅寄去大麦粉。"原来，不管漂泊多远，家乡的大麦粥，一直牵动着在外游子的心。

（作者系《洮湖》杂志原编辑，现供职于金坛区商务局）

邵镇华最爱的三道家乡菜

孙　蕾

曾在联合国供职的家乡人邵镇华，对祖传三道菜念念不忘，直到金坛成为开放城市，邵老 1986 年回乡探亲才重拾旧爱，得以品尝，了却了心愿。

邵老钟爱的三道菜便是炖豆腐、痴鱼炒粉丝和油稻团子。邵家原是大家族，这三道佳肴就这么一代代传下来，成为佳话。

炖豆腐

豆腐被称为“国粹”。古往今来，豆腐的做法千奇百怪，而邵家的炖豆腐却别有一番滋味。

古人云，豆腐无味而至味。殊不知这“至味”是要靠食材佐以香料调制。自制剁椒、小虾米、少许雪里蕻、四小块豆腐，食材虽简单，却都是起鲜之物。着少许细盐、滴两滴老抽，掌握好火候，既不老也不能过嫩。

豆腐出笼，香气扑鼻、色泽清雅，食之更是鲜嫩无比，江西客人竟以为其是鸡蛋。饭桌上，只要一炖豆腐，今儿个肯定得多吃一碗饭。邵家炖豆腐简单，可旁人难学会，重点就是调料和火候掌控，乡邻都称之为“小菜大工艺”。

邵家炖豆腐全部食材就算今日买，也不足五元。而在过去艰苦的日子里，这道菜却成了既好吃下饭、有营养却还便宜的佳肴。相传过去邵家子嗣颇多，生活贫苦，邵老夫人便想了这个法子，这也是金坛劳动人民的智慧结晶。

邵镇华年少离家，并没有学会炖豆腐，他每每与国外友人共餐，便提到家乡的炖豆腐无与伦比，这正是应了瞿秋白《多余的话》中的“中国的豆腐最好吃，世界第一！”

痴鱼炒粉丝

痴鱼，学名虎鱼，金坛人称其为“痴鱼呆子”，肉质细嫩洁白，味道肥鲜。痴鱼是“长荡湖八鲜”的一种，痴鱼炒粉丝是地道的江南小菜。

相传邵镇华幼小时贪玩，瞒着家人和小伙伴们去河里钓鱼，钓得了几条痴鱼，便兴高采烈地拿回家给父母亲看。母亲正在厨房炒粉丝，父亲正为寻找镇华一天无果而生气。进门正好撞个正着，父亲刚想责骂，镇华吓得一溜烟跑进厨房，父子俩在追逐中，镇华不小心把鱼扔进了锅里。没想到这无心之举却促成了一道好菜，痴鱼鲜汁浸入粉丝中，尝之竟美味绝伦。

到今时，原本的这道痴鱼炒粉丝已做了改进，将痴鱼洗净炖烂，轻摸掉表面的皮，用手去骨刺，再将剥下的痴鱼肉用油熬制，与山芋粉丝合起来炒，并加以醋和胡椒做成。

油稰团子

团子代表欢欢喜喜，团团圆圆。小时候每逢做油稰团子，便是要过年了。让邵老记忆犹新的不仅是团子，更是一家人团聚的天伦之乐。

邵家招牌团子便是油稰团子，甜而不腻，小巧精致。因此每次都要多做二三十斤面，送给乡邻朋友。

油稰团子大抵分两个步骤，做油稰和做红面。将生板油去皮去筋，捏成泥状，加上盐、糖、芝麻，合起搓成小团待用，再把红糖放在锅里烧成红糖水，加入米粉和成红面。

最费功夫的就是包团子了。邵家的秘方是一个约 6 厘米直径如杯口状的祖传器具，用此做模具包出的团子小巧精致，品相独特。苏轼有名句“纤手搓来玉色匀，碧油煎出嫩黄深。夜来春睡知轻重，压匾佳人缠臂金。”就是如此吧。

看着新出炉的一笼笼热气腾腾的团子，口水早就“飞流直下三千尺”了。逮着一个，一口下去，油稰顺势划出来，一股甜滋滋、咸沾沾的味道迅速在口中溢开，是一股幸福的味道、妈妈的味道。

（作者系金坛区作家协会会员，现供职于金坛区审计局）

流年·味

高爱平

我出生在一个物质生活极度匮乏的年代，儿时对美食几乎没有概念，那时对美食的奢望，就是能吃上顿白米饭。对我而言，吃上白米饭算是一件幸福的事情了，能回味好几天。这也许是儿时盼望过年的原因之一。

因此，在那时，妈妈给我们做顿菜粥已经算是极大的奢侈了。童年时代的滋味，常常会在某个月光如水的深夜或细雨如麻的黄昏充溢在我的舌尖，即使现在想来，也不觉两颊生津，味道绵绵蔓延开来，久久不散。妈妈的菜粥不能和现在的八宝粥相提并论，里面没有那么多的名堂。半碗米为主料，放进点黄豆、红豆、蚕豆为辅料，支上锅，灶下用柴木生火，“咕咚、咕咚”煮上两小时，等待着主、辅料之间相互融合，在“你中有我、我中有你”之间形成了辅料对主料的完美辅佐，妈妈会放进先前准备好的青菜末、盐、味精，搅拌均匀，盖上锅，任灶下的余火焖上一段时间。这时，我便会趴在灶台边，任袅袅的香味伴着缕缕的白色蒸汽弥漫在我的身畔，嗅着飘散的香味，大吞口水，等待菜粥出锅。这种香味是那种植物性的幽香，是多种植物间相互调和缠绵的幽香，对我来说是一种难以抵御的诱惑。多种植物的香味融合在一起形成了一种独特的味道……

瓷碗温润如玉，与盛装的菜粥相映衬，勾画出一幅赏心悦目的图画：银白如皎洁的月光、金黄如洒在河面的阳光、翠绿似初春新生的嫩芽、紫红似天边火烧般的晚霞……相互渗透，相互融合，色泽光亮，美味养眼，紧凑又不失空间感，原料间相互遮掩又都若隐若现是最美妙的境界，真是一粥一天地，一菜一世界，有时我半开玩笑地说妈妈是个艺术家，不无道理。

尝一口，滋味醇厚，入口即化，口齿留香。无须玩弄高雅，沾点妈妈自制的辣椒酱，和着口水，一口气灌下两大碗，也没有觉得有饱胀感。咂舌间，留香齿颊，回味悠长，以至于后来即使辗转于大大小小的饭店、酒楼，吃过很多诸如此类的菜饭，却没有尝到过类似妈妈的味道。即使是那简单的、质朴的菜粥，只因是妈妈做的，所以显得那么特别。

家乡的美食，举不胜举。无论是色、香、味还是别的什么，都足以让人垂涎。但在我看来，这一切都比不上当年妈妈做的菜粥，不仅是因为它独特的味道，更是因为那粥里，有我的童年，有妈妈年轻时的身影。也正是因为这粥，让我在青涩的年少时代明白什么是幸福，什么是爱。

我因此而珍惜，珍惜那份苦中作乐的滋味，珍惜那份仅存于记忆里的妈妈的味道。

（作者系金坛人，自由职业）

没齿难忘韭菜宴

蒋雪晴

长长久久是韭菜，叠翠的韭菜是春天最好吃的菜，更是春天最美的诗。

人生在世，总有一些东西让你爱不完，吃不够，对它有无限柔情。就像“夜雨剪春韭”诗圣杜甫使韭菜成为经典，诗圣的点染，使韭菜脱颖而出，让我想象万千，韭菜的绿，是最正宗的绿，是让我印象深刻的绿意深深。诗人车前子也谈论：“一到春天，吃也绿油油了。”一年四季都有它，美滋美味韭菜宴，在我看来，韭菜还不止这些，还有它带给我的沉甸甸的爱和回忆。

在我的记忆中，在老家乡下，我们家种的蔬菜中长得最好的就是韭菜了，因为我们全家都喜欢吃韭菜，还有就是老爸一直认为韭菜是最好的菜，既是荤菜又是素菜，最重要的 是“韭”和“久”谐音，象征着长寿、长长久久，寓意着勤劳长久，常来常往，反映出最朴实的愿望。

“夜雨剪春韭”，韭菜入诗了。在我心中，最有诗意的菜应当是韭菜，韭菜是春天的真谛——“清清明明吃韭菜”。那时我常问爸：“今天我们烧了几道菜?”老爸总笑着：“9 道菜!”回家一看就是一道韭菜炒鸡蛋啊。老爸解释说：“韭菜韭菜，9 个菜啊。”原来“9”和“韭 ”谐音啊。

春天一眼望去最绿的是韭菜。老爸最会侍弄菜畦，韭菜又最好侍弄，不娇贵，我们家韭菜长得那个好啊，天天吃，吃不掉，只好送东家，送西家，左邻右舍笑嘻嘻。老爸说：“韭菜越割越长，一茬又一茬，生生不息。”清早，老爸总是割一堆，绑成一把把，悄悄放在人家的门口。那新鲜的韭菜带着点露珠，鲜嫩得像小娃娃的脸，让人忍不住去摸一把。

韭菜是个宝，吃它好处多。我小时候爱吃它，却还不知道它是药。邻居家的小毛调皮，一次不小心吞了一只小铁钉到肚子里去了，在大家着急时，老爸说他有办法，只见他飞快割来一把韭菜，很快炒了一小盆，让小毛三口两口吞下去，好像是名医变了魔术，半天后，小毛就把铁钉排出了。

春初早韭，清炒，也炒鸡蛋、炒肉丝，或与豆芽、豆腐丝之类共同素炒。一道道都是最生态最好吃的美味小炒。特别是用韭菜炒螺蛳肉。每到三伏，老爸总喜欢带着我们到村前的小池塘摸螺蛳，螺蛳清水养好，养出小螺蛳，在清水里煮开，倒在脚盆里，我们围坐一起，用缝衣针或锋利刺枝，挑螺蛳肉，许多时候，我们是一边挑一边吃。新割的韭菜，配以挑好的珍珠大小的螺蛳肉，大火烹炒，端上桌时不仅色泽诱人，而且香气扑鼻。在我看来，这是一道很完美的南方乡野小炒，也是我们家吃不腻的最佳菜肴。

记得作家洪烛描绘道：既有泥土的味道、春雨的味道、夜色的味道，还增添了河流的味道。就凭这道菜，能不忆江南？江南的春天不是最漫长的，却算最鲜嫩的，是春天中的春天。我好喜欢这段文字，因为我又闻到了韭菜香啊。当然还有老爸的拿手菜——韭菜河蚌汤。门口的小河，摸几只河蚌，剖开，切块，鲜美的河蚌配以翡翠似的韭菜，集美色与美味之绝。

韭菜，也会开花的。花是白色的小碎花，虽不耀眼却也灿烂至极，不卑不亢地展示着至极的美丽风姿。据说五代杨凝式，是唐代的颜、柳、欧、褚到宋代的苏、黄、米、蔡之间的一个过渡人物，他收到友人赠送的韭菜花，立刻搭配着羊肉一起吃了，并且回信表示感激，提及“当一叶报秋之初，乃韭花逞味之始”。这封短信，也就成为中国书法史上有名的《韭花帖》。

汪曾祺说：“北京现在吃涮羊肉，缺不了韭菜花，或以为这办法来自蒙古或西域回族……以韭菜花蘸羊肉吃，盖始于中国西北诸省。”老爸不懂得用韭菜花蘸羊肉来吃，但他把韭菜花做菜也演绎得精致。初春的韭菜叶，初夏的韭菜花，韭菜花还是花骨朵儿，未开放时，连同掐得动的嫩茎，老爸一个个挑好，切成半寸长，伴上好的精肉丝，或鲜美的毛豆，清炒，这是“时菜”，也是我最爱吃的，那个爽美啊！

最香的要算韭菜馅的饺子。猪肉、韭菜，再加点炒好的鸡蛋，调好面粉，在平底铁锅里用油煎得焦黄，热气腾腾地端上来。我轻轻在边角上咬开一口，里面的鸡蛋韭菜馅露了出来。在金黄的鸡蛋陪衬下，剁碎的韭菜，仍保持着刚从地里长出的那份碧绿，红、黄、绿三色相衬，分外诱人，嗅一嗅，那个香啊！如今，我也会做一手“绝好”的韭菜馅饺子，这是女儿的最好，她俏皮地称其为“妈妈牌贴心饺子”！

今夜，雨唰唰地下，年年的桃花雨年年来，岁岁韭菜岁岁绿。一晃爱我的老爸已去世10年了。韭菜最绿时节，父爱又在哪里呢？我开始想念韭菜了。

（作者系常州市作家协会会员，金坛区作家协会理事，现供职于金坛区融媒体中心）

一碗银耳汤

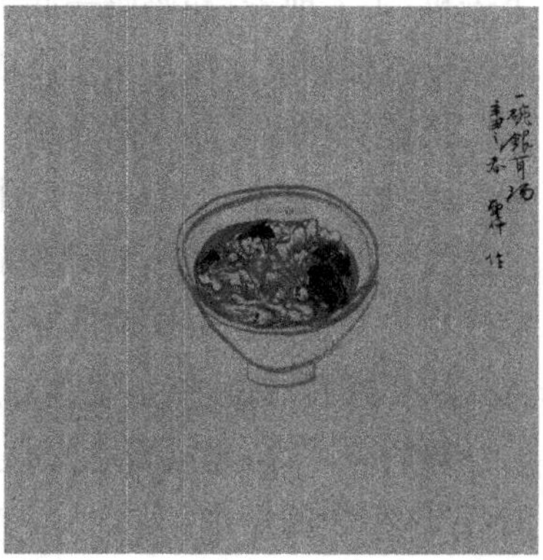

曹丽慧

单位的人几乎都知道我喜欢吃肉，不管是咸鲜适中、肥而不腻的梅菜扣肉，还是色泽红润、口味浓郁的红烧肉，我都来者不拒，因为妈妈手艺高超，炒、煮、炖、酱、卤、煎、蒸、焖，十八般厨艺样样精通。尤其是这红烧肉，不管吃多少次都吃不够，可是在我记忆深处留下痕迹的却是一碗银耳汤。

记得那是一个炎热的夏天，骄阳似火，我因为患有鼻炎经常流鼻血，所以那时的我严重贫血，再加上天热不想吃饭，气色很不好，只要稍微走快一点，都会眼前发黑。妈妈不知想了多少办法，烧了多少我喜欢吃的菜哄我吃，可是我还是没有什么食欲。就这样过了半个暑假，我就瘦了十几斤。妈妈急了啊，这好端端一个姑娘怎么养成这样啊。于是她急中生智，针对我喜欢喝汤这个喜好下手，说干就干，银耳、红枣、莲子等一大堆原材料不一会儿就出现在厨房了。

看妈妈干得起劲，我也来了兴趣，就在旁边看着，时不时地帮点小忙。妈妈边泡着莲子，边说："银耳和红枣补气又和血，你不怎么吃饭就多吃点这个，要喜欢吃啊，我就经常做。"我满不在乎地点点头，心想：天气这么热，不吃饭有样东西填饱肚子也是不错的！莲子泡完了，妈妈让我拿些银耳出来泡，看到那些颜色偏黄的银耳，我就说了一句："为什么不买白色的银耳啊，这个颜色这么怪，能吃吗？"妈妈头都没有抬，专注着用刀把大红枣切成小块小块的，嘴上不忘回答："小丫头，这你就不晓得了吧！这种银耳的颜色才是真的本色，有些超市卖的那种雪白的银耳很多都是用东西泡过的，好看是好看，你吃下去放心啊？这个虽然颜色没有那么好看，但是从口感和卫生安全上来说，这个更好一点不是吗？"我点点头，就去用温水把银耳泡起来了。

等到银耳和莲子泡好了，都将近两个小时了，我也没有了当初的兴致，就躲到一旁玩手机去了。偶尔抬起头来看看，就看到妈妈弯着腰把泡好的银耳挨个地去掉下面偏黄坚硬的根部和一些杂质。看到满头大汗的妈妈，我心里觉得有些愧疚，自己在电风扇旁边玩着手机，妈妈却在闷热的厨房忙活我的甜汤。我放下手机，走上前去，和妈妈一起干，妈妈愣了一下，笑了笑，什么也没说，我学着妈妈的样子把剩下的银耳用手撕成小块，听妈妈说，银耳越碎口感越滑爽。

把莲子和银耳放入高压锅，加上充足的水，大火加热。妈妈和我坐在一旁看着火，她和我讲了很多关于甜汤的做法，我听得津津有味，不经意间看到锅上冒热气了，就想去关火，妈妈快我一步，加入切好的红枣和适量冰糖，盖上锅盖，换成小火慢慢煮。很快就闻到红枣香甜的味道了，看到汤汁慢慢变得浓稠，颜色也变成了好看的琥珀色，银耳的胶质都熬出来了，看得我垂涎欲滴。

妈妈关了火，先给猴急的我盛来了一碗，碗中软软的银耳，糯糯的莲子，红红的红枣，甜甜的糖水，看得人食指大动，吃上一勺，软软的、滑滑的、香香的，甜甜的汤水从唇齿之间流过，令人回味无穷，就这样不知不觉一碗下肚。看到我有这么好的食欲，妈妈也露出了欣慰的笑容。

晚饭过后，我去冰箱里找吃的，又看到了银耳汤，白天的香甜滋味还唇齿留香回味悠长，于是拿起大勺喝了一口，这一口喝下去，我不禁眯了眼，这清爽不腻、口感滑润、羹稠香糯的滋味，不正是生津止渴的消暑圣品嘛。于是，我给正在看电视的爷爷和奶奶都盛了一碗，他们都赞不绝口。想不到这冰镇过的甜汤这么受欢迎，不一会儿大家就全部吃完了。

那天晚上，我就做了一个梦，梦里有锅甜甜滑滑的银耳汤……

（作者系《洮湖》杂志编辑）

记忆中的河蚌汤

盛　菲

一方水土养一方人。从小生长在水乡河畔的我，对于水产品总是特别情有独钟。

我是吃着那些水产品长大的，鱼、虾几乎是家常便饭，而河蚌的鲜美是我长大以后才发觉的。也许远离了河塘的我，不再那么经常能吃到了，才尤其怀念河蚌汤的味道，而记忆中妈妈比较常做的就是蚌肉黄瓜汤。

清明前是吃河蚌的好时候。每到这时，家里便有捞上来的河蚌，我最喜欢做的一件事，就是帮妈妈检查买回来的河蚌有没有坏的，还总是幻想能发现珍珠。这种天然的河蚌，没有经过人工的培育，短时间一般很难生长出好看的珍珠。偶尔发现，也只是有着怪异形状、缺失光泽的一小颗，但足以让我感叹大自然的鬼斧神工。

妈妈用刀一个个地撬开那坚硬的外壳，再取下那软滑的肉身。我在一旁看着就仿佛感受到蚌肉入口的口感，润滑美妙。并不是所有的蚌肉都是新鲜的，取出的蚌肉依然要通过妈妈的检验才能下锅。一般死掉的坏河蚌肉质灰暗，有一股腥臭味，这种河蚌肉是不能食用的。取下的蚌肉，首先要去掉泥肠和两边的腮叶，然后把蚌肉切成条，最后清洗干净便等着下锅了。印象比较深刻的是，妈妈拿着刀，用刀背娴熟地拍打蚌肉的样子。因为斧足部分的肉质紧密，不用刀拍散斧足的边缘，不易烧烂。

相比于取河蚌肉，煮汤的过程简单许多。

先将切成条的蚌肉放入开水锅中汆一下水后捞出。锅中加豆油烧热，加葱、姜、蚌肉煸一下，加水后用中火煮，滴上几滴白酒去除河蚌的腥气。为煮河蚌汤，妈妈每次总会准备好与之搭配的菜——黄瓜。水煮沸即可放入切好的黄瓜块。

妈妈说，煮河蚌的时候千万不要再放味精，也不宜多放盐，以免鲜味丢失。待汤汁煮至奶白色时，撒入香葱花，那美味的鲜汤就完工了。

汤端上桌前，我已经垂涎许久。看着乳白的汤汁散发着阵阵热气，淡淡清香扑鼻而来，来不及尝尝蚌肉的滋味，我就被一勺鲜美的热汤烫到嘴巴。汤汁浓稠而不腻人，味道清淡，让我不由赞叹妈妈配菜的绝妙。

可口的河蚌肉配上清新脆爽的黄瓜，那确实是地道的人间美味！

河蚌不仅能做成美味汤，还具有很好的保健作用。河蚌浑身是宝，河蚌是珍珠的摇篮，不仅可以形成天然珍珠，也可人工养育珍珠；除育珠外，蚌壳可提制珍珠层粉和珍珠核，珍珠层粉有人体所需要的 15 种氨基酸，与珍珠的成分和作用大致相同，具有清热解毒、明目益阴、镇心安神、消炎生肌、止咳化痰等功效；将蚌肉和蚌壳分别加工、蒸煮消毒和机械粉碎，便可制成廉价的动物性高蛋白饲料。

长大了，吃过的美味多了，却鲜见到有河蚌汤的。饭店里五花八门的菜谱，却没有能让我铭记在心的。鸡精、味精等调味品越加越多，但还是比不过不加味精的河蚌汤鲜美。那种味道，让我回味无穷，不仅在于其鲜，更是在于它饱含着一份难以忘怀的寄托——故乡的味道。

我爱记忆中的河蚌汤，一道弥漫了我整个童年的美食！

（作者系金坛区作家协会会员，《洮湖》杂志编辑）

六、美味勾怀

今夕复何夕，共此灯烛光。
少壮能几时，鬓发各已苍。
夜雨剪春韭，新炊间黄粱。
主称会面难，一举累十觞。

——摘自杜甫《赠卫八处士》

豆花西施

徐锁荣

那是很久远的事情了，久远得如同一个古老的童话。20 世纪 60 年代初，有个男孩在金坛县城上初中，嘴里念着杜子美的《茅屋为秋风所破歌》，肚子却被饥饿折磨得吃了上顿巴望下顿。那年月，饥荒的影子还笼罩着故乡大地，学校一天三顿饭，也只能勉强填饱肚子。每当下课之后，本能的反应就是朝教学区后边的食堂张望，哪怕走近闻一口饭粥香味，也觉着很受用。经过 3 年饥荒的煎熬，男孩对食物特别敏感，人坐在教室里听课，凭着从窗外飘进来的食堂气味，就能闻出学生餐的品种是菜饭还是白粥。菜饭里有青菜的气味，白粥只是单纯的白米清香。为了弥补肚子的空缺，每逢周六回家，娘总是煮上几个山芋，塞进他的书包。男孩带着熟山芋走进宿舍，便将它们藏在被窝里，生怕被别的同学发现。可是山芋在被窝里焐上两天，就有了馊味，他却还是焐着，以便夜自修回宿舍啃上一个。周三之后，山芋啃光了，只好空着肚子读唐诗。男孩寄宿的学生宿舍在城区一座古庙里，跟县城北郊的校区隔着大大小小的街巷。夜自修结束，一般都是晚八点，回宿舍经过繁华的思古街，常有小吃摊摆在街头，卖些山芋、芋头之类的熟食。晚餐喝的稀粥，经过两节夜自修课的消磨，男孩早已饥肠辘辘，路过夜市，总想找点吃的。一天晚上，男孩又跟往常一样，上完夜自修朝宿舍赶。刚走近老街街头，忽然听到远处飘来一阵喊。那喊声，与其说是喊出来的，不如说是唱出来的。女子的金坛方言，带着浓重的吴地韵味，一声声唱出，竟是这般动人：

豆腐花来，豆腐花——

随着喊声，一个肩挑豆花担的女子朝街头走来，悠到十字路口，便歇下。此时，早有几个吃客，朝担子围来，女子一手拿过一只红花小碗，一手握着铜勺，揭开盖着盖子的小铁锅，一下接一下舀起来。铁锅里盛着雪白的豆腐花，女子上下舀着，锅里的豆腐花，很快就叠到碗里，接着她放下铜勺，拿着一个类似耳朵耙子的小勺，一下接一下朝佐料碗里点着，辣椒、酱油、香菜，都像鸡啄米似的被她啄到碗里。最后一下，是掏香油，她将小勺朝油瓶里轻轻一点，速即拔出，一滴油就盛进了勺子，泼到碗里。

闻着豆花担飘来的清香，男孩再也挪不动腿了，就像是被女子施了定身法。这天夜自修，他刚温习了俄国科学家巴甫洛夫的条件反射论。科学家说：一条狗如果闻到了食物，大脑皮层就会迅速产生反应，狗就会冲着食物飞跑。此时的狗，已经被条件反射所左右。可是男孩不是狗，但他的大脑皮层刹那间也产生了反射。他的头一个动作就是将右手伸向上衣口袋。他的口袋里有 3 分钱，那是他这一学期唯一的积蓄。

他将钱送到女子面前。

女子接过后，右手的小铜勺就伸进锅里，于是雪白的豆花就被舀进了红花小碗，一份份佐料，也纷至沓来，女子像一个从容的指挥官，调动着那些五颜六色的佐料。最后一个动作，就是掏香油。此时，她将手朝空中轻轻一挥，手中的小勺就直插瓶颈，一滴明晃晃的芝麻香油，滴到碗里。

女子将碗端到男孩面前。女子左手 3 根手指托着碗底，大拇指压着碗口，将小拇指翘成了一朵含苞的兰花。女子端碗的造型，本身就是一幅水墨画，浓重的夜幕，便是背景，她的头发梳成一个发髻，罩在黑丝网里，腰间围着一条蓝底白花的围腰裙，围裙的系带是胭脂红的。系带的须头，被夜风吹得飘飘曳曳。

男孩头一回吃豆腐花，买的是小碗，大碗他买不起，大碗要 5 分钱，可是他口袋里只有 3 分钱，吃了这碗豆腐花，男孩就是身无分文的穷光蛋了。

他已经不记得那碗豆花是怎么吃下去的，豆花好像很滑润，喝到嘴里，还没有来得及品尝，就哧溜一下进了肚子。好像是一口气喝下去的，因为豆花太嫩太滑了，没等舌头碰着，就一下全化在嘴里。在昏暗的路灯下，红花小碗里的豆花飘着一层轻雾般的香气，他将脸埋向碗口，恨不得整个脑袋都埋进碗里，可是碗口又太小了，容不下他的半张脸，他还是朝里埋着。他的吃相太难看，这怨不了他没有教养，上中学之前，娘曾不止一次地教他，吃饭要有吃相，端碗要有端相，不许用手掌托碗底，掌托碗底就是叫花子讨饭。可是那个晚上，他将娘的话全丢到脑后去了，豆腐花太嫩了，太鲜了，也太美了。他端到碗，才晓得豆腐花是这般白，像一朵花开在碗里。他都 14 岁了，才头一回吃这样的“花朵”，再说他也饿了，晚餐的两碗粥，早已被满脑子的书本消耗了。他几乎没有用调羹，那把调羹就搁在碗口，他一口气就将那碗豆腐花吞下去了。

他喝光了碗里的豆腐花，就用舌头一下接一下舔起来。在家里吃饭，每顿吃完了，都得将碗舔得干干净净，他几乎把吃饭看成了宗教里的一个仪式，如果哪天不舔碗，就得挨父亲的拳头。所以这回他喝完豆花，就捧着碗舔，他的动作完全是下意识的。舔完后，才觉着有点失态，因为他看见身旁两个城里的吃客正看着他发笑，指指点点，窃窃私语，好像在说他真像个叫花子。他却不在意。他双手捧着空碗，送到女子面前，轻声说道："婶娘，你的豆腐花太好吃了。"城里口气的一个吃客讥讽道："好吃怎么不买大碗？"他不好意思说口袋里只有 3 分钱，只是说道："我人小，吃小碗就够了。"

女子接过碗，随手又舀了两勺盛进碗里，加了佐料，道："你吃吧。"他没敢伸手接，担心她会再收钱。女子将碗塞到他手里，道："你吃吧，这碗是我送给你的。看得出，你是乡下来的小伢。"

他接过碗，突然想起了娘的关照，便一手将碗端得很规矩，一手拿着调羹，很斯文地吃起来。这一碗，是婶娘的心意，得吃出个样子给婶娘看看。他吃完后，双手捧碗送到婶娘面前，深深鞠了一躬。

他走进了通向古庙的小巷，走几步，就回过头看一眼站在豆花担子前的婶娘。

豆腐花来，豆腐花——

婶娘的吴侬细语在街巷回荡，穿过了古城的青砖黑瓦。

豆腐花来，豆腐花——

一声声喊，回响在男孩的初中时代，可是他再也吃不起豆腐花了，更多的时候，当他上完夜自修回宿舍，路过思古街，就能听到婶娘的喊声，那个"来"字，仿佛就是冲着他喊的。有的时候，婶娘是站在担子旁喊，还有的时候，是挑着担子边走边喊："豆腐花来，豆腐花——"

他再也不敢走近豆花担了。那一头挑着碗碟调料，一头挑着小铁锅、锅底还燃着木炭的担子，配着那一声声喊，回响在男孩的中学时代。每当夜自修结束回宿舍，只要路过那条老街，他总是悄悄顺着街沿行走，只敢在人堆里悄悄看上她一眼。有的时候，婶娘挑着担子沿街叫卖，他会悄悄跟上一阵。他一直没有弄清，婶娘窈窕的身子怎么挑得动那副沉重的豆花担。

如今，男孩已经成了老孩，混进了北京。北京人称豆腐花为豆腐脑。可他总是觉着，还是豆腐花形象，也有诗意。豆腐开了花，要多美就有多美，要多鲜就有多鲜。老孩在北京不敢轻易吃豆腐花，不知是因为吃来吃去，总没有 20 世纪的那一碗好，那一碗，胜过了千碗万碗；还是因为，他担心豆腐花是转基因黄豆做的。如果基因不对路，做得再好，也没有当初的味道了。

一天夜里，他遇见了当年的"豆花西施"，正挑着担子在老街叫卖，一觉醒来，发现是梦，可"西施"的喊声却是那般真切："豆腐花来，豆腐花——"

百年之后，当我到了那个世界，就蹲到20世纪的思古街头，等着“豆花西施”，每天买上一大碗，捧着吃个够。老孩总是这么想。

豆腐花，故乡的豆腐花。

(作者系金坛人，中国作家协会会员、军旅作家，曾任海军航空兵政治部创作室主任)

半夜饭

吴欲晓

人的一生中有许多东西难以忘怀，在我的记忆深处，时时飘散出半夜饭诱人的香味来。

在3年自然灾害期间呱呱坠地的我，小时候似乎老有一种饿的感觉。若干年后，当我读刘恒的小说《狗日的粮食》时，灵魂中有种心有灵犀的颤栗。那时，家里人多，劳力少，每到春天，父亲就要去买预借粮。当父亲伛偻着身子挑着粮食的身影出现在村前的大道时，我们几个孩子就欢叫着跑上去围住父亲。那时，除了过年过节，全家难得吃上一顿白花花、香喷喷的米饭。每天烧饭时，年迈的奶奶总是从薄薄的稀饭中捞起一碗干饭，那是专给干重活的父亲留着的。每次看父亲低头默默地扒着碗里的饭时，我们几个孩子的目光里就流淌着不尽的羡慕。

每年收麦子和割稻子的时候，是农村最繁忙的季节。那时在生产队，为了抢收，社员们白天干，晚上也要干，有时甚至几天几夜不合眼。人是铁，饭是钢，超负荷的劳动若没有食物来支撑会把人累垮的。粮食虽是集体的，管得紧，但到大忙季节还是要“奢侈”一下。每次开夜工，队长就早早地安排人准备半夜饭了。因为晚上有“犒劳”，社员们的情绪也特别高。当收工的哨子一响，大家就急急忙忙地赶回家去拿碗筷。此时，劳作了一天的人们虽然极为疲惫，但心情却格外舒畅。每人通常能分到一斤米饭，饿急的人会在顷刻间，如风卷残云般把两碗饭吃光。我父母每次总是把分到的份额带回家，分出一半给奶奶和几个孩子吃。我小时候一直伴奶奶睡，常在酣睡中被奶奶唤醒，吃着她递给我的还冒着热气的半夜饭，吃上几口后，再恋恋不舍地给妹妹们吃。记得有一次，我吃了些不过瘾，闹着还要吃，被惹火了的父亲狠狠地掴了一记耳光。后来，哥和我也能出来挣工分了，每次开夜工，也能得到一份和父母一样的半夜饭，那种幸福感和自豪感真是难以言表。我们也同样带回家，分出一半给奶奶和妹妹们吃。在那个岁月里，半夜饭成为我们一家难得的美味佳肴。

又过了些年，家里的粮食囤满了，日子渐渐地好起来了。我大学毕业后，分在城里工作，这些年来，虽然天南地北跑了不少地方，林林总总的宴会也经历了不少，但那些珍馔佳肴似乎都不及半夜饭那样诱人可口。半夜饭的浓香一直清晰地烙在记忆中……

一日，全家人聚在一起。闲聊中，女儿问我什么东西最好吃，我不假思索地说："半夜饭！"立刻引起了大家的共鸣，往日的记忆都在脑海中鲜活起来。于是，你一言，我一语，纷纷说起半夜饭的美妙来，孩子们听得都入了迷。许久，女儿带着疑惑的神情问我："半夜饭真那么好吃？"我认真地点点头。对孩子们来说，也许永远都无法体会到半夜饭的诱人和香甜。

半夜饭，每当我想起顿觉满口生香，同时又感到一丝淡淡的苦涩。

（作者系江苏省作家协会会员，曾任金坛区政协副主席）

童年的味道

李云芳

我向来不是一个跟风的人，而潮流，它总是与我擦肩而过。这次则不然了。一部《舌尖上的中国》掀起了全国各地的美食潮。在网络时代，当宫廷剧、偶像剧、谍战片、玄幻片铺天盖地砸来的时候，一部纪录片居然能掀起一片潮水，总有它的独到之处。好奇之余，我便在网上搜了来看。满眼所见的是一种温情在流淌。

窗外是江南梅雨季节的和风细雨，案头放着一盆清水，里面养着一捧半开未开的栀子花，这风这雨便裹着暗香幽幽袭来。幽香伴随着这流淌着的、煮沸着的温情，把我的思绪拉得绵长而久远，遥遥地便回到了那个充满绿意的小村庄。

那是一个物资极度匮乏的年代。然，每每忆起却只有快乐。对于童年的我来说，如果拥有一粒硬硬的水果糖，那俨然就是一个大富翁了，可以在小朋友面前骄傲好多天。而那粒水果糖，我也舍不得一次吃完，总是小心地舔几口，再用花花绿绿的糖纸包好，留着第二天品尝。对水果的认识，总以为它们的名字就是苹果和梨。记得第一次上街看电影《陈奂生上城》，看到电影里的演员拿着一只黄黄的香蕉，剥了皮就往嘴里送时，吓得我心怦怦跳，不知道那是何物，竟然可以生吃。由于那一次的惊吓对于幼小的我来说太过震撼，所以至今记忆犹新。

物资的匮乏并不能阻挡我们与生俱来对于美食的渴望。邻家的梨树、村西围墙里的葡萄、河对岸的西红柿都成了我们觊觎的对象，只待时机成熟，下手绝不留情！而妈妈的菜园则成了我们制造美食的原材料基地。

那时的菜园远没有这么个雅致的名字，它叫自留地。我家的自留地是河岸边的一处浅滩。因为有着丰富的水资源，所以自留地里总是花繁叶茂：绿色青翠逼人，红色鲜艳欲滴，紫色乌亮发黑，黄色娇艳动人。尤其是在这个多雨的季节里，菜园里更是花样纷繁。用竹竿架起的一排排菜架上，刀豆、豇豆、黄瓜，挂得琳琅满目，小小的我们经常在里面捉迷藏。而它也确实是一个宝藏。那时候极难闻到肉香，除非是过年和家中做大事。然，在姐姐的巧手下，我们便守着那三分自留地，把没有肉味的童年过得活色生香起来。

因为贫穷，父母都忙于生计。“穷人家的孩子早当家”。所以，我和姐姐就把家里的一日三餐给包了。我只有打下手的份儿，灶台上，姐姐翻动着小铁铲，便把一盆盆色、香、味俱全的佳肴端上了桌。

黄灿灿的鸡蛋皮配着青碧碧的菜椒；红彤彤的苋菜汤里加点豆瓣儿味更美；紫乎乎的茄子配着绿梗梗的豇豆，怎么嚼怎么有劲儿；更有那一团大杂烩，蚕豆、莴苣、蒜苗儿一股脑儿下锅煮了，鲜味顺着油烟便能馋煞我；熟透的番茄，从来等不及下锅，就被我生吃了。吃完后舔舔嘴唇，满口香气。

常规的烧法吃厌了，我和姐姐会稍稍花些心思在上面，改变一下口味：把豇豆切成细细的丝，再加点青椒丝，爆炒一分钟后即食，脆脆嫩嫩的；选一些嫩茄子，不去梗，用刀竖劈成四个长条，放在饭锅上蒸熟后，捣烂，加上油、盐、蒜、糖、醋搅拌食用，那个味美啊，至今想来，直流口水；或者做糖醋辣椒，锅里先把油、糖、醋煮沸后，再把选好的嫩辣椒在开水里过一下，直接放进去，爆炒，吃在嘴里又酸又甜又辣，我常常是噘着嘴儿呼着气大口大口地吃；吃空心菜时，我经常和姐姐抢着找碗里面又长又直又粗的空心菜梗，把它套在筷子头上扒饭，便感觉每口饭里都有菜香……

若是蚕豆上市了，你可别小瞧了它。它是我童年表现创造力的好道具。剥起它来，我又快又准。拦腰折断，两头用力一挤，蚕豆宝宝就乖乖地跑出来了。然后，我会像皇帝选妃子一样，先细心地挑选一个又大又白的优良蚕豆，然后会选一个又小又嫩的蚕豆宝宝，最后再挑五个豆瓣芽儿，豆瓣芽儿小小的，像一轮弯弯的月牙，黄色的，中间有一道细细的黑线。用火柴棒把大蚕豆和小蚕豆串起来，再用火柴棒在大蚕豆的两侧各戳两个洞，后面戳一个洞，把那五个豆瓣芽儿，一个一个地塞进去，这样，一个小乌龟就做成了。这样还不够，把它放在锅里和其余的蚕豆用盐水煮，等到煮开了，没散开来的才是真家伙。而我在和小朋友做乌龟的比赛中，常是胜者。所以，我嚼起蚕豆乌龟来，总是甜甜的，因为这是胜利的味道。

夏季来了，自留地旁的河面上长满了野菱角，我和姐姐便扛着大大的木盆到河边，把它当小船，各自坐在木盆的一端，划到河中心去采野菱。采到的菱角，老的就煮了吃，嫩的就剥了壳烧芋头。菱角脆脆的、甜甜的，芋头滑滑的、黏黏的。这是爸爸最爱的味道。

或许是童年的味道在舌尖上刻下太过浓烈的印迹，我至今仍爱吃蔬菜，饭桌上无鱼肉可以，若无绿色，简直难以下咽。而外出吃饭，总会点些儿时惯常吃的蔬菜。中国的饮食文化是与日俱进的，儿时的家常菜如今都有了一个个雅致的名字。豇豆烧茄子、蒜苗蚕豆烧莴苣、青菜香菇被冠名为“素三鲜”，糖醋辣椒变身为“虎皮青椒”，虾米烧葫芦美其名曰“开洋瓠子”……雅致的名字并未给食物增色增味，每每食来总觉得寡淡无味，少了分鲜美。现代科技手段催熟的蔬菜和儿时原汁原味经过光合作用长熟的蔬菜总是无法比拟的。社会的进步是一把双刃剑，在创造着，又在摧毁着。

此刻，唯有这永恒不变的栀子花香在唤醒着我沉睡的童年。所有的美好在记忆里总是无与伦比的。岁月越久，回味弥香。我们便带着这种怅惘逶迤前行，而童年的味道便也在舌尖上慢慢淡化成一个永恒了。

（作者系常州市作家协会会员、金坛区作家协会理事，现供职于金坛中医院）

萝卜不老的年华

虞彩琴

曾经的美食现在已经吃不出好滋味，过去的“猪饲料”如今成了桌上新贵，此类菜肴这里无须列举，此刻启我心智、驱我拙笔、发我情致的是传说中的“白马肉”，平民生活里的人参——萝卜。“萝卜”一词一经跳出，“拔萝卜，拔萝卜，嘿哟嘿哟，拔萝卜，嘿哟嘿哟，拔不动，老婆婆，快快来，快来帮我们拔萝卜……”活泼欢快的旋律便在耳畔响起，岁月长河里沉静的人和事便呼哧呼哧游将过来，让我凝神，让我注目。

1

那次挨打是萝卜落在我记忆深处的最初印记，它依然与贫苦和饥饿关联。几个前胸贴后背的学童，在放学的路上拔了农人自留地里的胡萝卜，在一串尖利的呵斥声中四下逃散，为了捡回那只跑丢了的鞋，我被农妇指名道姓地骂了个狗血淋头，却让我妈遇见，于是一场撼天动地的舌战掺和着我伤心欲绝的哭声拉开了序幕……没想到护犊的妈回到家还是让爹命我跪了搓板，免了晚饭。“萝卜事件”让我在人前自觉矮了半截，心灰了好久。

那时，胡萝卜并不像现在这么“得宠”，因为它小而占地，所以农人只是利用自留地边角末梢由着它自生自长，用途多半是剁碎了喂猪。随着时代的发展，科技、信息的发达，人们更多地了解了胡萝卜的营养价值和保健作用，所以，胡萝卜才成为了人们舌尖上的“新贵”，被做成各种花式品种——不是填饱肚子，而是美颜健体，悦人眼目。

我儿 3 个月大的时候，见着的人都说孩子太瘦小了，需要加强营养。可没有母乳，镇上供销社廉价奶粉便是他的一日三餐。我和孩子他爸有个约定，跳出农门的我们一切自力更生，建家立业，再苦再难不指望父母，不抱怨父母。在邻居的教授下，我把胡萝卜洗净，蒸熟，捣烂成泥，喂给小儿吃。小儿居然有味地吮吸，莫非他体恤娘亲的“无钱恼”？莫非他先知先觉胡萝卜能补充婴儿的营养，增强婴儿的免疫力？

2

其实，在萝卜家族里，我最钟情的是大白萝卜，即水萝卜。它长在地里的模样儿实在憨态可掬，长长绿绿的叶，白白胖胖的身子不躲不藏，愣愣地杵出土层，往高里长，个大，却不占地儿，有限的自留地里长它挺合算的。在那饥馑的年代，在那漫长的寒冬，大白萝卜填饱了多少人的肚子，温暖了多少人的胃啊！

那时，生产队里吃伙局是一件喜庆的事，不过，这与我们小孩子家无关，与妈妈们关系也不大，因为只有队上的男劳动力而且是在秋粮入仓有了盈余时，才有借口，才有口福吃伙局。伙局多半在凶巴巴的光棍队长家吃。白花花的米饭，油亮的红烧肉，白萝卜烧豆腐，素炒青菜，仅此而已，却挑起了每一个人的欲望。红烧肉每桌一碗，数得清块数，每伸一筷，个个眼明肚亮；萝卜豆腐，一大洗面盆，筷子可作雨点下。孩子们早被满村子的香味勾引到了队长家的门口。被一次又一次地驱赶后，大多数孩子无望地回家，黑皮、冬瓜他们几个挤着门缝朝灯光里痴痴地探望，鼻息里享用着，口里吞咽着，不肯离去。

妈在屋里忙着，不时地催我们上床暖被，说：“等你爹回来，我叫醒你们。”我们都知道，我们的爹会在吃第二碗饭或者第三碗饭时，淋一点肉汁，压上一些萝卜豆腐，然后悄悄地离开饭桌，悄悄地从灶间的那扇门走出来……我们雀跃着拿碗拿筷，直勾勾地盯着爹往我们碗里拨拉着饭菜。弟弟狼吞虎咽，我细嚼慢咽——白米饭、萝卜豆腐实在是太香太好吃了！不知弟弟明白不明白，那是爹束住半饱的胃省下来的，我是知道的，多少年过去了，萝卜豆腐的美味仿佛还在唇齿间辗转。

冬夜里，昏黄的灯下，摇动着妈单薄的身影，“笃，笃，笃”，刀切砧板的声音也摇出了小屋，乘着寒风远去。妈在切萝卜，她要腌萝卜干——中国咸菜中的“神品”（妈腌制的萝卜干在先，著名的常州萝卜干在我长大外出读师范时才驰名到我耳里）。妈腌制的萝卜干咸淡适宜，脆脆的，甜津津的，模样儿也可喜：大小匀称，两头尖，中间粗，像翘角的小船，像透亮的月牙，有薄薄的香辣味溢出。

妈妈的绝活在腌制萝卜酱油豆上，别人家腌制的萝卜酱油豆不是沤得太酸太烂，就是臭过了头，或者保存不善生了蛆。其工序是先把黄豆煮熟，阴在篾箩里，让豆儿长霉，然后拿到太阳底下晒干，腌制时，把白萝卜削成饺子状，一层萝卜，一层豆，外加一层均匀的盐，最后严实地封上坛口，不出两个月便可食用了。起初，进去的是白白胖胖的“饺子”，坛子里松松干干的，最后出来的时候成了橙黄透亮的“金锭”，坛子里汤汤汁汁的了。萝卜酱油豆生臭熟香，很开胃，很下饭，即便放在现今，嘴刁钻的人就着它也能下两大碗米饭。

在外乡读高中时，周末回家，妈都会从那只褐色光滑的大肚子圆口坛子里，掏出汤汤汁汁的萝卜酱油豆，放到锅里翻炒，焖熟。满满两玻璃瓶萝卜酱油豆，便是我一周的美味佳肴了。同寝室有位黑黑瘦瘦的长辫子女孩，平常不爱说话，嘴角总是往下耷着，像有什么不开心事，每日午餐就着饭的是她自己用热水兑冲的酱油汤。我让她夹我的萝卜酱油豆吃，起初她不好意思，后来终于伸了筷子，但每次我都能感觉到她的“谨小慎微”，感觉到她的不自在。大概出于礼尚往来，她曾从罗村家里带来山芋干，让我放进饭盒搁在米水里蒸。蒸熟的山芋干好吃也能抗饿。后来，她突然辍学了，她黑瘦的脸和往下耷着的嘴角在我脑海里晃荡了很久很久才逐渐隐去。

3

可惜，我没得妈的真传，我不善家事，妈只得卖了家里的母猪和猪仔，随我生活，帮我料理家务，但是，每逢周末，妈还是会急急呼呼地赶回乡下，锄地种菜的。一天，公公和婆婆突然第一次寻路摸到我家，孩子他爸出差了，我急得手足无措。邻家奶奶主动提出帮我从街上带一些菜回来。她带回来的是两条鲫鱼、一刀肉、一把水芹。犹豫了半天，我觉得自己搞定两条活蹦乱跳的鲫鱼有点困难，决定放弃。于是，拿了家里的两根大萝卜，去公共水池边洗刷，准备做猪肉红烧萝卜，有荤也有素，不寒碜。儿子蹒跚在公共走道上“陪”爷爷、奶奶“玩”，“带”爷爷、奶奶“串门”，我则在卧室兼厨房、餐厅“忙饭”。我的猪肉红烧萝卜，公公吃了居然直说：“好吃，好吃，烧得真好吃。”就在那一刹那，我的心头涌出的是一股亲情的暖流，也是从那一刻开始公公和婆婆才真正成为我情感上的亲人，我的爸妈。我知道不是我烧的菜好吃，而是公公的生活太苦，一顿现成的饭，一道带肉的菜就已经让他感受到了莫大的快意。如今，每每和婆母、姑、叔、侄们聚在一起吃喝说笑，我总会想起苦命的公公，总为他的永远缺席而心酸难过。小叔子的对象来家，公公爬到树上扯丝瓜，摘扁豆，摔断了腿，回家探望时，他用双手在地上爬行着，要为我们准备饭菜的那份真情、那份殷切永远定格在我的心灵图景里。

我是幸福的人儿，不仅深受亲人的眷顾，而且备受学生、家长的关心。2010年，多年毕业班工作的疲累和压力，终使我身体垮塌，而胃病又使我无法医治其他病痛，只能靠饮食、健身、调理，先养好胃。面黄肌瘦的我，一日三餐只能喝粥吃面，我可爱的学生们追逐着爱心，给我带馄饨、面条、饺子、祛寒暖胃冲剂，感动着我，激励着我更加用心地教书，更加努力地读书、写作。有天晚上，正吃着晚饭，接到一位家长的电话，让我下楼，说他们在楼下等着。原来，他们从河头一位朋友那里买来了七八斤熟羊肉，说冬天羊肉汤最能养胃了，它汤鲜味美、温胃散寒、补血安神、补虚益肾，撒上葱丝、香菜叶，能让人鲜掉眉毛。他们详细地告诉我怎么炖羊肉汤，怎么保存好羊肉，我无比感激，只有点头牢记的份儿，我写下《爱心追逐》《做一个幸福的播种人》等文章以感怀于心。

4

物资匮乏的过去，萝卜填饱人们的肚子，给人们一个温暖踏实的冬，是个家宝；物资丰裕的今天，不论白萝卜、胡萝卜还是红萝卜，仍是“桌上宾”，“离了萝卜不成席”。而且，萝卜家族不断年轻，不断壮大，那种红红的、圆圆的、荸荠大小的萝卜拍了盐渍后可作冷盘，白萝卜丝入醋吃了更感滑爽润嗓。民间“萝卜赛梨”不是妄说，武则天赐名萝卜“假燕窝”，让其登皇家大席。在人们担心农药青菜、地沟油时，你大可放心地买萝卜丝包子，吃萝卜丝大饼。慧心巧手的厨师更是在萝卜上雕花，做尽细活儿，一朵朵洁白如雪的萝卜花开到了饭桌上，一只只玲珑剔透的小动物跳到了菜碟里。真正的美食好吃也好看，赏心也悦目。

《本草纲目》中称萝卜为“蔬中最有利者”。它富含钙质和维生素，常吃能降血脂、降血压。鲜榨红萝卜瘦身减肥，胡萝卜加蜂蜜美容也美体。萝卜赛人参，98%的营养在皮里。那次跟作协周主席去如皋采风，我们盯上了如皋的特产萝卜皮。回来，妈笑了，笑我不会买东西，于是，我把从主席他们那里习得的“萝卜营养学”说与她听，妈笑而不语。

萝卜确实是个好东西，它有着不老的青春年华。苏州灵岩寺高僧妙真大和尚敬客的“春不老”便是盐渍后的萝卜。萝卜具有祛痰、止泻、利尿、解酒、消炎、防暑、开胃等功效，干燥季节里吃点胡萝卜，滋润皮肤，滋润咽喉。民间不是有“冬吃萝卜夏吃姜，不劳医生开药方”之说吗？农村也有个风俗，打春这天，让孩子啃吃几口萝卜，叫啃春，以求平安。

“最后的士大夫”汪曾祺的散文是美食，“美食鉴赏家”陆文夫的小说是佳肴，世人愈品愈有味。而我的文字说的是一种大众菜蔬——萝卜，道的是一位普通百姓的生活花絮和人生况味。

（作者系常州市作家协会会员，现供职于华罗庚实验学校）

血　　饭

葛安荣

品尝过许多许多美味佳肴，留下的记忆大多不强烈。唯有一顿“血饭”成了我永恒的记忆。“血饭”，于我而言，是另一种美食。

记不清哪年哪月了。

反正我记得那年麦子登了场。淡淡的麦香轻轻幽幽，弥漫在空气中，抓一把能挤出香甜味儿；空空荡荡的麦地留下一片高高矮矮的麦茬，一垄垄黝黑的泥土向天裸露着。

那时候我们生产队除了牛犁地，便是人凿地，两头老牛已经骨瘦骨瘦的了，慢腾腾地犁完一排地便累得呼哧呼哧喘大气。于是只好把男人当牛。几天后队里的男劳力组织起来凿麦地和兴修水利开河。规矩是：一家派出一个男人，凿完地由生产队统一供中午饭——白花花的大米饭，另加洋葱烧猪肉，你能吃多少尽管放开肚皮吃，临了每人允许带 3 斤米饭和一大盒洋葱烧猪肉回家。

这样的诱惑刺激得生产队的大大小小，男女老少，人人眼睛血红。

我的父亲老病复发，眼睁睁地失去了一次美食机会，况且这种机会一年最多两次，一次麦收，一次收稻。全家人只能背着父亲无奈地唉声叹气。

姐姐说：“我去吧，我跟队长说说。”

母亲连连摇头：“不行不行，你瘦芦柴一根，嫩着呢。”

父亲点点头表示赞同母亲的意见，伤了身体一辈子的事啊！八九斤的铁钉耙，举一次两次可以撑着，凿半天绝对不行！我说：“姐姐不行，那就让我去吧。”父亲说，也不行！牛一般壮实的男劳力还累得两腿打飘，像我这样的年纪和身子骨不趴下来才怪哩。

我说：“我慢慢举钉耙，慢慢朝前凿。”

父亲一声长叹："唉，你没凿过田不知轻重，越慢越重，越重越累啊！"

姐姐突然眼睛一亮："爸，你就让他去吧！叔叔力气大，请叔叔挨着他，帮帮他，这样也就凿得少了……"

我的弟弟和妹妹在一边嚷着："哥哥凿麦田啰，我们吃米饭洋葱烧猪肉啰……"

父亲拗起身来，一个巴掌扇过去，弟弟妹妹们急忙躲到一边，拿眼睛怯怯地看我。

母亲张开双臂，护着弟弟妹妹，冲父亲大声说："你又发病了是不是？拿孩子当出气筒！"

我看见父亲枯瘦的眼眶里涌出两朵湿漉漉的泪花花。

父亲背过脸去，一堵老墙映着斑驳的阳光。

虽然父亲母亲和姐姐山阻石拦，高低不同意我为挣一顿饭菜而冒险凿田，但我铁心铁意去拼一场。我不能眼看着别人大碗吃饭大碗吃肉，而我们只能呆呆站在一边忍受饥饿的折磨。

母亲无奈，只得帮我整理铁钉耙。

父亲不再言语。

一家人似乎送我上前线打仗，气氛有点悲壮和伤感。

太阳光芒万丈，我抬眼看它像个透明的血球，吸了大地精华才神气活现的。

队长昂着头，犹如一个指挥千军万马的将军那样威风凛凛。

我也跟着欢呼，差点一蹦二丈。

一人一垄地。任务是死的，是硬的。

麦地的背后是片池塘。满满一塘水碧清碧清。从脚下凿到尽头好远好远，一垄到头，估摸也就该收工吃饭了。麦地的尽头横亘着一条蛇状的大坝，攀登上去，便见一条河缓缓东去，九曲十八弯后到天湖镇，然后滚入子潮河。

开始凿麦地了，铁钉耙起起落落，高高低低，一片战斗景象。举无声，落下去我只能自己听得"嚓"的闷响，没有一丝回音。不少人凿一记"哼"一声，响，重，极度仇恨与疯狂地向麦地宣战，每一声"哼"都宣泄着内心的不平。

队长的一垄地靠着我叔叔，叔叔挨着我的一垄地，叔叔是有意识挨着我的，方便凿地时帮着我。

叔叔拼命向前冲一节，然后歪到我的一垄地上帮着凿。

队长刮过来风凉话："没有三份三，不过这座山。饭好吃活难做啊！"

叔叔极不高兴："我们叔侄一家。"

"我是队长我不管哪个管？你凿得快，但凿得不深。凿麦田没有五保户……"

我又气又急："你一家大小五保户！"

叔叔瞪瞪我，示意我不要吃眼前亏。

“你个细猴子，嘴硬哩，有本事一个人凿到前面去！”队长不依不饶。

“队长，你大人不记小人过，宰相肚里好撑船，何必跟一个小孩子计较长短呢？”

队长才住嘴，眼光却不时飞过来刺一记。

饥饿、劳累、气恨，凿着凿着，我突然觉得胸口一紧，一疼，接着一口鲜血热热地朝喉咙口涌来，忍不住啐一口喷射出来，落地染红一圈翻过来的泥土……

我不知道自己是怎样凿完一垄地的。

收工时，叔叔问：“你的脸怎么会发白？”

我说没事，肚子饿的缘故。

开饭了，米饭香、肉香、洋葱香，长这么大，难得闻到这样的香味儿啊！我太饿了，太需要这一顿难得的美餐。吃死了也值得！不做饿死鬼，吃饱肚子找阎王报到心里实在啊！参加凿地的男人都一样饥饿，都一样不顾斯文，没有一个闲言闲语，都憋足劲儿吃，抢着吃，场面十分激烈壮观。眼睛像闪电，筷子如划水，牙齿似磨片……不知是谁忙中偷闲乐几句。我闷头扒下半碗饭，忽然胸口一紧，一疼，一口鲜血含在嘴里，我顾不得这些，连饭带血吞进肚里。

叔叔问：“你嘴里出血？”

“没事，吃得快，咬到舌头了。”

多少年没吃过这样的饭和菜了，挺着撑得饱胀的圆肚，我觉得没白活，甚至有点人生圆满的感觉。吃完了，屋子里聚满了各家各户的人。队长大吼一声：“你们一个个前世里饿死鬼投的胎，来不及啦？”人群朝墙边退了退。队长叫烧饭的开始分饭分菜，人又涌上来，个个盯着烧饭的手中勺子，生怕他不公平。烧饭的说：“饭好分，用秤一称就行；这菜难分，总有多有少，有肥有瘦的。”队长说：“我在你怕啥啊！”烧饭的顿生信心，勺子灵活转动，上上下下，左左右右……好多人依然窃窃议论，这个多了，那个少了……我拎着米饭，姐姐过来帮忙捧一盒猪肉烧洋葱，二弟端一盆肚肺猪爪汤，我们三人小心翼翼地回家。

小弟弟第一个冲上桌子，用手从汤里抓起一块猪肉朝嘴里塞。

小妹也不甘落后……

父亲母亲没上桌子。我看得出父亲装着疲倦入睡的样子，而母亲则借故到外面转悠。

我对父亲说：“你也起来吃一点吧，饭多菜多哩。”

父亲笑了笑说：“我现在不想吃，不饿，真的不饿。”忽然两眼直直地看着我：“怎么怎么……你嘴里怎么出血？”

“牙齿咬着舌头了。”我故意咧咧双唇，亮出舌苔蠕动着，不觉，胸口一阵刺痛，又一口鲜血涌出喉咙……

血饭，亦香、亦苦、亦甜、亦酸，类似于此类的“美食”，刻录了那个“饥不择食”的年代的印痕，留下了永远的回味！

（作者系中国作家协会会员、一级作家、《洮湖》杂志主编）

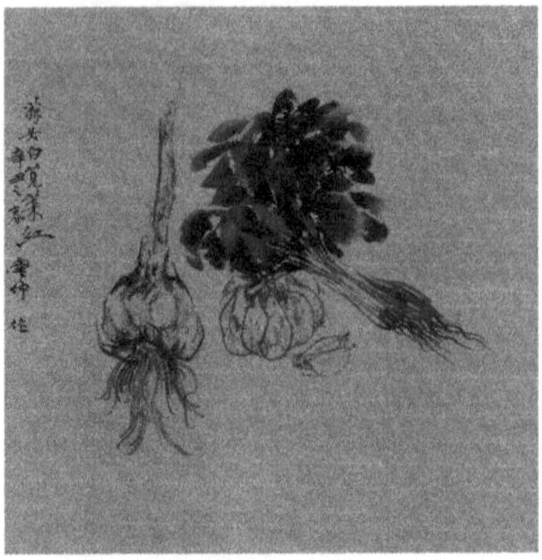

蒜头白　苋菜红

曹云凤

“兄弟七八个，抱着柱子过。大家一分手，衣服都扯破。”翻书时偶尔看到这则谜语，我不禁笑了。好老的谜语，好亲切的感觉，好让人怀念的大蒜头。

我的家乡金坛建昌盛产白蒜，建昌蒜头是“一茬齐”（家乡话，意思是大小均匀）的，而且蒜瓣紧致，蒜肉饱满，蒜汁香浓，因此每年慕名来建昌收购蒜头的人络绎不绝。家乡人喜欢种植大蒜，每年十月忙着点种，来年五六月大蒜头成熟了，便家家户户、老老小小都在田头“起”老蒜。有的在前面用铁锹贴着蒜头把土挖松，有的在后面弯腰拔蒜头。当白白的、饱满的蒜头拖着根须被拽出泥土时，我的心里满是欣喜，觉得它们就像《西游记》里忽然从泥土里钻出来捋着白胡须的土地公公。老蒜被我们用板车从田头拖回村里，家家户户、门前屋后都晒着蒜头，整个村庄都弥漫着淡淡的蒜香。

老蒜头是我们吃饭喝粥时的一道好菜，只要从屋檐下成串的蒜头上随便拽两个下来，把它们一瓣一瓣分开，剥去外面一层层白而透明的皮，露出象牙白的蒜肉，放在砧板上用菜刀拍几下，放进碗里，再倒点酱油，放点糖，搁点味精，那蒜香顿时满屋子飘，惹得人口水直流。闹肚子的人，只要吃点这样的蒜头，症状就会缓解；感冒流行的时候，母亲也会让我吃点酱油浸泡的生蒜头，以防传染。烧菜时也一定要放几个蒜头作为调料，母亲总会一边拿着锅铲在灶头上的铁锅里炒菜，一边叫着：“凤儿，快，帮我剥几个大蒜头。”于是，我便蹲到灶头旁剥蒜。加了蒜头的菜有一股特别的香味，让人欲罢不能。

我比较喜欢的是每年四五月的蒜头，因为未成熟就“起”，所以叫嫩蒜。它们与老蒜相比，皮肉更白，蒜汁更足，辣味却少了许多。把它们的茎切断，只留下短短的一截，削去根须，清洗干净，放进土黄色的瓷罐，撒下适量的盐、糖、味精，罐口封实，一两个月后便成为人人都喜欢的腌蒜头，一日三餐我们的餐桌上都有它，百吃不厌。现在腌蒜头已成为我们建昌乃至金坛的地方特色产品，是馈赠亲朋好友的佳品，更是外来游客喜欢购买的土特产之一。

我最喜欢吃的是母亲烧的蒜头苋菜。蒜，是刚出泥的嫩蒜；苋菜，是早晨刚从田头掐下的菜头，红红的叶子上还有露珠闪动，叶茎断处似乎仍有叶汁渗出。灶膛里的柴火烧得旺旺的，灶上铁锅里的菜油冒着青烟，母亲把一小篮子洗净的苋菜倒进铁锅，只听“嘶啦——”一声响，红色的苋菜在她的锅铲下翻飞。母亲不断添加着调料，还催问着：“凤儿，蒜头剥好没？”蒜头下锅后，她继续用铲子翻炒着，然后盖上锅盖焖一下。“苋菜头嫩，能烧出不少水来，只要少加点水就好了，不然汤就太多了。”就在她说话间，一盆蒜头苋菜上桌了。刚刚的满满一篮子苋菜现在成了汤盆里的一团，它们濡在红汤里，就像躲在红幕布后的演员，悄悄掀开一角偷看台下的观众，观众们的笑脸、惊讶、赞叹声都一一留在心底，然后满足地笑了。红汤里，有几瓣蒜若隐若现，如一颗颗白色的珍珠被晕上了淡淡的粉红，又像小姑娘娇羞的小脸，惹人爱怜。“当心烫着！”在母亲的嗔怪声中我迫不及待地夹起一筷苋菜放进嘴里，只轻轻一抿，菜叶就顺着喉咙往肚里流，舌尖上是苋菜的鲜美，鼻子里是它的香味。用筷子夹起一瓣蒜头，放在两齿之间轻轻一咬，舌尖上粉粉的没有一丝丝辣味，倒有一点点甜甜的味道，而蒜香此时却已是满嘴满鼻了。蒜头苋菜吃完了，剩下的红汤也是那么鲜美，用勺子舀点浇在饭上，白白的米饭立即像染上了一层胭脂，让人胃口大开，几下就把一碗饭扒到肚里去了。

蒜头白，苋菜红。哦，等到嫩蒜初“起”，苋菜正嫩的时候，一定要下乡去尝尝母亲的蒜头苋菜，再次蹲到灶头旁剥剥我们建昌的蒜头……听听母亲的声音：“凤儿，蒜头剥好没？”“当心烫着！”

（作者系金坛区实验幼儿园老师）

留得芳香在心间

周苏蔚

吃是人的天性。我邻居家一个小孩，也就 2 岁多一点，父母常领着他走亲访友，逢人必定要让小孩叫“爷爷”“奶奶”“叔叔”“阿姨”，礼貌称呼一番。但这孩子奇怪，如果被称呼人空着手，父母再怎么提醒，他只是瞪着眼不作声，倘若来人手上拎着东西，无须大人提醒，便爽快地主动叫人。时间一久，父母明白了，小孩是否称呼的标准就是对方是否拎着“吃”的东西。我自小对吃比较木讷，或许出生于国民经济困难年代的原因，没有多少吃的讲究，家中一日三餐不是胡萝卜粥就是胡萝卜饭，即使难得喝上一碗白米稀饭，白炽灯泡的影子还清楚地在碗里晃来晃去(后来听母亲说，即便这些胡萝卜，还是爷爷吃榆树皮、野菜、观音土省下的)。每年春节下乡走亲戚拜年，父亲都要提前再三告诫我和弟弟：“到了亲戚家，3 个泡蛋只能吃 1 个，不能全吃了，最多把泡蛋的红糖水喝完。”我们全然顾不上乡村民俗的礼仪，狼吞虎咽一瞪眼，3 个蛋全下肚，出了门少不得挨父亲一顿骂，我们兄弟俩还振振有词地回驳：“3 个鸡蛋只吃 1 个，那留下两个多不卫生。碗里有我们许多口水，给谁吃?”

20 世纪 70 年代下放到林场，吃了 5 年的知识青年食堂，天天早饭是煮山芋，到上午 10 点左右便眼巴巴地看着山下食堂的烟囱，胃里泛出阵阵酸水，心里总在嘀咕：“怎么还不点火烧饭?”20 世纪 70 年代初一个非常寒冷的冬日，我们金坛县城里几个爱好美术的小青年相约去汤庄乡看望同样喜好美术的朋友戴起群。起群兄当时在供销社做营业员站柜台，中午便在汤庄街上供销社的一个饭店热情招待了我们。那顿午饭，留给我印象最深的就是炒猪肝，殊不知天下竟有如此美味的炒菜。如今我只要见到起群就不免会赞赏一番那天的猪肝炒得好，也多次问过他：“那年代不兴用什么调料，为什么就能把猪肝炒得又嫩又滑?”就因为这盆炒猪肝，我永远记住了起群这位好朋友。

美食能牵住人的心，美食能留住人的情。人人向往江南喜欢江南，并非只是因为江南的烟雨，更多的恐怕还有那诱人的美味。江南的清灵、毓秀也许藏进了美食之中。

我在20世纪70年代中期，偶然得到一本1963年版的残缺不全的《大众菜谱》，从黄黄的纸页里，我方知晓烧菜居然也有文字记载，中国菜按地域还分成八大菜系，于是我开始琢磨起炒菜的要领。事情也凑巧，没多久我下放的林场在知青中选拔拖拉机手、厨师、饲养员等各种能手，我被选上做了总场食堂的司务长。有了零零碎碎的50多页纸的菜谱知识垫底，我闲时也会大着胆子去食堂指指点点。老厨师谢师傅常常被我说得一愣一愣的，背后称呼我是知青中的“博士”。后来我被抽调去农业学大寨工作组，组里分工时，我自告奋勇承担大家每天的伙食。一年后工作组结束使命，做总结时组长开玩笑地说我：“你切菜的刀功不怎么样，但配菜倒是色、香、味很有功底。哪天我退休后开个饭店，一定请你来做厨师。”就因为工作组的伙食诱人，常常有大队干部来谈工作时到点了还赖着不走，要留下吃饭。周边一些驻村的乡干部也时常跑过来蹭顿饭，这无形中也增进了我们相互间的感情交流。

或许可以这样理解，美食是一种艺术，是饮食文化中积淀最深的地方，但是美食并不一定是名食，雪菜豆腐汤未必是名食，豇豆炒茄子未必是名食，然而只要赋予一定的情感意蕴于其中，它们同样可以成为美食。

1989年我在洮西乡挂职乡长助理，乡里几个主要领导经常聚在一起，弄个韭菜豆腐汤、雪菜烧小鱼、油炒萝卜干，热热闹闹边吃边聊，许多重大事情在饭桌上就轻松地沟通解决了。后来我被调往另一个镇任分管工业的镇长，走村入户也常常喜欢在老百姓家随粥便饭，有时甚至我自己下厨房为大家炒菜。在简单的一顿饭中，针对许多工作上的难事麻烦事，就形成了共识，拿出了解决方案。逢年过节群众也送些自己酿的米酒、晒的莴苣干、咸菜给我。这些食物虽不值几个钱，但更多的还是包含着极富人间烟火味的一种美——人际美，这可能也是美食的魅力所在。当时有个砖瓦厂由于管理环节出现问题，开了砖头票，老百姓付了款却拿不到砖。其中一位退休老教师的儿子要砌房子结婚，却没提到砖，只能暂住女方家，3年过去了，小孩都会走路了，砖头还是没拿到。我知道后就到砖瓦厂督工，让厂里把砖发给了老教师，并且立下规矩，砖瓦厂每天出窑的砖，必须依开票时间的先后顺序全部兑付给群众。我每天都派人去查落实情况。有天休息日我要回城，老教师的儿子端了只瓷缸找我。我打开一看，是一只油汪汪香喷喷的红烧糖蹄（猪肘），便婉言谢绝了，谁知老教师的儿子说：“这是我们家养的金坛小米猪，昨天杀了，父亲亲自下厨按当地的传统制作方法精心做的。”无论如何让我带回城里和家人共享，这是他老父亲的一片心意。我捧着瓷缸，内心被深深地感动了。为老百姓办事本身就是干部的责任，老百姓却用如此朴素真诚的敬意来回报你，我感觉这就是美食最具现实主义的文化意义。

此后日复一日，年复一年，我也没少品尝过各类美食，然而瓷缸里的“糖蹄”给我齿间留下的浓厚深情，超过了时光记忆中的任何佳肴美味。或许，从脱俗的角度来认识，美食不只是吃什么和怎么吃的问题，而是蕴含的亲情深不深和友情重不重的问题。

生活有源泉，美食也应该有情感与文化的积淀，方可将美味永留心间。

（作者系江苏省作家协会会员，金坛区作家协会名誉主席）

纯真牌“和菜”

耿昔龙

“只有母亲过年时做的‘和菜’真的好吃。”

“母亲做的‘和菜’的那种味道，现在总也吃不到了。”

“是的，只有母亲才能把‘和菜’做出那种味道来，饭店里做的虽然东西放得多，还加味精鸡精，但味道没法跟母亲做的比。”

……

每当兄妹亲人围坐在一起吃饭的时候，大家总不免如此赞叹、怀念。

母亲不是厨师，更不是美食家。85年前，母亲出生在一个贫寒的农家，3岁时，母亲的母亲就因病去世了。母亲很小就到了我们耿氏家里，但也仅仅是换了一个贫困的环境而已。

直到中华人民共和国成立后，在扫盲运动中，母亲才识了些字。

但母亲做的“和菜”确确实实好吃极了。如今我们兄妹即便在上了好几颗星的大酒店里也吃不到母亲做的那样好吃的“和菜”了！

母亲做的“和菜”，以前很多人家都做。如今饭店里也在做，有的把其称作“头菜”。

母亲做“和菜”似乎很简单……

主料：白萝卜、黄豆豆腐、猪骨头。

辅料：水、盐。

锅具：铁锅、杉木锅盖。

柴火：稻草、秸秆、树枝。

做法：洗净、切好、起火、下锅、烧熟。

母亲做的“和菜”太好吃了。满满一大锅，吃得底朝天，大家还嫌做得少。

母亲“和菜”做得好吃，看似简单，其实不然。

原料纯真：

白萝卜，自家地里种的，准确地说从种子收集就是母亲亲自动手的，每年母亲都要选几颗品质好的白萝卜，舍不得吃，留作种子，她坚信好种才能出得好苗。白萝卜从播种到成熟，从不用农药，有时也碰到虫子与人争食，母亲总是放弃生产队收工后的休息时间，动手把害虫捉掉。遇上更小的害虫没法捉，她则把草木灰或是生石灰撒在萝卜叶子上治虫。施的肥料全是鸡羊兔粪等有机肥。

豆腐，是自家地里种的黄豆，平时舍不得吃，留到过年时到有做豆腐技术的人家，用石磨一圈一圈磨出来，用细纱布将豆渣过滤掉，做成的盐卤豆腐，细腻、白嫩、可口。

猪骨头，更是自家在长达几个月的时间里，用一餐餐、一桶桶、一勺勺的糠菜豆饼等饲料喂出来的猪，腊月底宰了过年，取其骨用之。没有丝毫激素，就连喂猪的河塘水也是没有污染的，人都可以随手捧而饮喝的。天然纯真的质地，绿色环保的食材，确保了“和菜”味道之鲜美。

制作纯真：

不要以为白萝卜、豆腐、猪骨头放在锅里加上水，放点盐烧熟就真的这么简单。其实在制作的过程中饱含了伟大母亲的一腔真情。

就说白萝卜择用的过程吧，为了尽可能保证白萝卜的天然品质，母亲特意选长得比较好的，留在地里到过年准备吃时才挖回来。母亲生活的年代的冬天特别寒冷，说田野里寒风刺骨，绝对不是夸张。母亲总是顶着寒风，用微驼的身体背上稻草，不惧寒冷到地里像爱护孩子似的将白萝卜盖好，以免冻坏。那时的冬天要把白萝卜洗干净也不像如今这样容易。现今家里有自来水，有人甚至还会用温热水洗。那时全是在荷塘里清洗。母亲首先要用锄头将冰层敲开，然后认真地把一个个萝卜洗得干净洁白，常常双手冻得像红萝卜。每当我们吃着母亲做的“和菜”，眼前总是浮现出慈母洗萝卜时冻得红红的双手，就越发觉得“和菜”味道之鲜美。

口感纯真：

那时的生活，绝大多数家庭都在为填饱肚子而发愁。像我们这样的家庭，父母忠厚，靠勤劳的双手要负责四五个孩子生活、读书，而且兄妹有好几个读上了大学，经济拮据可想而知，也只能奢望到过年时才能有猪骨头掺和做成的“和菜”享受了。尽管父母早就承诺：吃年饭时，端上桌子的鱼、红烧肉、肉圆、煎豆腐等“大菜”可以随便吃，但其实我们心里都知道，这是父母强撑着发话的，那些“大菜”还是不能多吃的。因为，大年三十一过，这些“大菜”还得用来招待亲友来客。那个时代很多人都记得，一碗红烧肉，要端上端下桌子很多次的，一般人家都要从大年三十一直端到正月半以后，才舍得吃完。就连到亲戚家做客吃饭，也要看亲疏程度见机行事，不是随便想吃就能动筷的，有时即便亲戚将肉圆、红烧肉给你夹到饭碗里，也还是要退回肉碗里去，只有当亲戚再一次夹到你饭碗里，甚至用筷子将米饭压到红烧肉上时，才可以把这块红烧肉吃了，因为这时才印证了亲戚是真客气，是诚心诚意夹给你吃的。因此，我们兄妹都还是集中吃母亲做的“和菜”，对于“大菜”，只能用眼睛瞟瞟。

食多无味，古人的话实在是经典。如今，本来就很少有饥不择食的“思食欲”，加上一桌菜肴品种繁杂，多味杂呈，天然味道越来越少，类似母亲做的“和菜”的所谓“头菜”，尽管出自厨师之手，尽管搭配了许多其他食材和配料，也就只会弄巧成拙，适得其反，根本没法跟母亲做的“和菜”相比，而在我们几乎就只有“和菜”可吃时，越发觉得其味道之鲜美。

母亲十几年前就被病魔夺走了生命，离我们而去了，为了表达我们兄妹亲人对母亲的永久怀念，我们把母亲在美食上的杰作“和菜”，命名为“纯真牌”。

世上，唯有纯真才会有滋有味，不需要添加任何调味剂。

（作者系金坛区纪委退休干部）

回味无穷炖螺螺

姜炳仪

蛳螺，在我们丹阳老家，俗称螺螺。关于螺螺的众多吃法，在此就不一一赘述了。我想主要说说我们家吃炖螺螺的一段往事。

那是1963年的秋学期即将开学的时候，我才知道我的妻子何文娟，要调往城东任教了。得知这个消息后，我如雷轰顶、心急如焚，一时间竟不知如何是好！因为她还要带着一个未满周岁的孩子去上班呢！无奈，我断然决定，与她一同去城东(当时城东无中学)。就这样，我忍痛离开了辛勤耕耘过的初建三年的白塔中学，夫妻双双到城东报到，从那时候起，我们便过起了以校为家的烧菜做饭的繁杂生活。由于工作忙，每到节假日，也只是随便买一点简单的蔬菜。但就从那个时候起，我们的餐桌上多了一道我们自认为精品的菜肴——炖螺螺，并且开始了我们长达30余载的螺螺生涯。

其实，这道真正正规化的炖螺螺在我们家是从1969年6月开始的。那个时候，各个乡镇都在兴办九年一贯制学校，我也有幸被卷入这场办学的热潮之中，受上级领导指示前往三村地区创办九年一贯制学校。

三村这个地方，可说是四面临水的典型的江南水乡了。南临柘荡河，西有丹金河，北有闸口河，东有小桥流水，弯弯曲曲，潺潺流动。沟、湾、港、汊、墩齐全，又在丹金边界上，是一块险要之地，这便成了新四军经常出没打游击战的水乡战场。著名的英雄烈士薛斌县长就出生在这片土地上。

三村这个地方，水产十分丰富，可我们的经济条件有限，于是炖螺螺这道菜便一直隔三差五地登上我们的餐桌。因为这道菜算是半荤半素的菜，吃起来也合我们两口子及小孩的胃口，而做这道菜的能手自然是文娟了。我当然也要做事的，例如炖螺螺的前期工序——洗，便是我唯一能做的事了。说起这个“洗”，倒也真要下点功夫呢！螺螺好不好吃，要看洗得好不好。首先，把买回来的螺螺放在盆里泡一泡，滴上几滴油，让其吐吐泥浆什么的，然后用大桑剪把螺螺的屁股剪掉，再放水里清养一些时候，捞起来放进，小竹篮里到河边码头上洗干净。其中包括：用力旋淘，用手抓擦，反复顺捋横搓……直到真正干净为止，拿回家放在阴凉处晾干，待到烧饭时，装进一小瓷碗内，放入油、盐、姜、酒、糖、葱、蒜等佐料与适量的水，用文火慢慢地炖熟为止。

用饭时，揭开锅盖，端上桌来，一股香辣味扑鼻而来，诱人入席品尝。在我的记忆中，那便是我家餐桌上一道上等的美味，与红烧鱼红烧肉相比，绝不逊色。相反，却有着一种吊人胃口的特有的色与味，让人爱不释口。每到此时此刻，我总是第一个坐下来品尝新炖的螺螺，先吃上几个，再开始吃饭，大家津津有味地吃着螺螺，我还一口一口地品尝螺螺的汤汁，因为这是炖螺螺的精华所在，待大家吃得差不多时，我便把那剩余的汤倒进我的饭碗里，泡着饭一起慢慢地品来，细细地尝，悠然自得，真是喜不自胜呀！此乃神仙之福也！

30 余年的炖螺螺的生活，是我人生的一首歌，一首可歌可乐的艰难困苦中的快乐歌。4 个小孩也在这个螺螺的世界中度过了他们的青少年时代，我与我的老伴也从青年时代走过了中年，向老年迈进了。

回忆人生，十分地有趣，苦是苦了一点，可乐在其中。

（作者系金坛人，退休语文老师）

梅干菜记忆

高兰华

尝过千百道农家菜，哪有您煮的梅干菜味美？看过无数名厨飞扬娴熟的厨艺，哪有您腌菜的姿态美？在我心目中，唯有父亲腌的盐菜，才是我永远眷恋的美味。

父亲是个忠厚老实的铜匠，除了有一手修锁配钥匙的技术，还是家中腌菜的老手。

小时候，家里姊妹多，每年父母都要腌一大缸咸菜，解决一家人全年吃菜的问题。

深秋时节，大量廉价的大青菜上市了。母亲从菜场回来，后面跟着一个卖菜的人，肩上挑着一担大青菜，放在了我家门前。自此，腌菜的工程拉开了序幕。

洗菜的工作，自然是体力较弱的母亲和我这个家中的老大完成。可是，那时家家都没有自来水，吃、喝、洗全凭大河里的水。挑水的重活，自然由力气大的父亲来完成。

父亲挑着两个大水桶，来到河边，并不卸下肩上的担子，赤脚下到河里，弯下腰，一手扶住肩上的扁担，一手抓住担子一头的水桶，往水里一淹。河水“咕噜噜”地往桶里涌，一会儿工夫，桶里便灌满了水。父亲把桶忽地一下从水中拔出来，放到岸边，再灌另一只桶。

等到两只桶里的水都灌满了，父亲便挑起两只桶，从水中一步一步走上青石板铺成的码头台阶。青石板台阶那么高，那么陡，加上来往取水的人洒得到处是水渍，稍不留神便会滑倒。我看见父亲咬着牙，鼓着腮帮，低着头，十个脚趾向里屈，如壁虎攀墙，紧紧扒住石板，一步一步向上爬。爬完台阶，接下来到家的几百米路，父亲走起来比较轻松：左手晃荡，右手搭担，父亲健步如飞，晃悠悠的水桶一路溢着水滴到家了。

父亲把两大桶水倒进准备腌菜的大缸里，拿起搭在肩头的麻蓝毛巾，擦着额头上渗出的汗珠。

就这样，父亲挑水，我们洗菜，整整忙了一个上午，所有的菜都洗净了，晾了一个下午，晚上就可以下缸腌了。

腌菜是一项既劳累又费时的工作。我们这些小孩想帮忙都插不上手——腌菜要有大力气"踏菜"呀！这项工作顺理成章又落到了父亲的肩上。

晚上，在一盏昏黄如豆、飘着一缕黑烟的小煤油灯下，父亲把脚洗干净后，爬进大缸。这时，母亲一把一把地把菜递到站在缸里的父亲手上。父亲把菜一层层在缸底铺好后，撒上粗盐，然后双脚像跳绳似地跳起"双叉水"。缸里的菜越铺越高，父亲头上的汗水越来越多。

父亲先是抓起桌边上的毛巾擦汗，擦了又冒，冒了又擦，最后，脖颈上也爬满了亮闪闪的汗珠。父亲索性把上身穿的那件白色圆领衫也脱了，光着背在菜上跳跃。虚浮在缸面的大青菜被父亲强有力的脚板踏得平平实实。

我疑惑不解地问："爸，为什么要花这么大的力气踏菜呀？""不踏紧了，腌下的菜要坏，还不好吃。踏得越实，腌出来的菜，非但不坏，颜色还像金子一样亮，吃起来更香……"

我似懂非懂地听着父亲的经验之谈。看见父亲脸上布满皱纹的沟壑里盛满汗水，我跃跃欲试："爸，让我来踩一会儿吧！"父亲微笑着说："好哇！"父亲坐在缸边休息。我洗了脚，跳到缸里。"哎哟"，脚板一落在菜上，我龇牙咧嘴地尖叫起来。我低头一看，原来脚底被菜上面的一层粗盐给硌着了。这时，我才发现父亲的双脚已被粗盐又硌又腌，变得湿润红亮。

我忍着脚底又痒又疼的难受，在菜上面只跳了几下，便狼狈地爬出菜缸。父亲笑了："怎么样？腌菜好吃，苦难当吧！"已经10点多了，煤油灯旺旺的火苗渐渐暗淡下来，腌菜的工程，伴着父亲如雨的汗珠接近尾声。

母亲把洗净的黄菜叶分成几份，然后把捆过大青菜的"草腰子"解开，抽出几根稻草，把菜叶一一扎好，放在缸面上，撒上盐。接着，父亲从屋外的长凳上搬起几块早已洗得干干净净的大石头，压在腌菜上进行最后的"封缸"。

经过父亲千踩万踏的腌菜，第二天就浸出了水。水越渗越多，没过多久，水就淹过了石头。

也不知过了多久，腌菜出缸了。母亲把缸上的石头搬开，从缸里拖出了几颗水淋淋的腌菜。刚出缸的腌菜，菜柄黄润得如同一束纯净的金条，幽绿的菜叶滴着水，让人馋涎欲滴。

母亲把取出的腌菜切碎，在烧热的锅里倒上一点油，把砧板上的腌菜往锅里一倒，快炒，慢焖后，盛到大碗里。我们就着鲜美的腌菜，吃饭饭香，喝粥粥香。那股香味至今还留存于唇齿之间，随着岁月的流逝，越加醇厚。

腌菜是我们这个清贫家庭饭桌上的一盆四季不断的主菜，也是绝佳的调味品。在那个物资匮乏的时期，家里穷，买不起大鱼大肉，可我们几个小孩子正在长身体，不增加营养怎么行？“腌菜煮童子鱼”成了我们最爱吃的荤菜。

所谓“童子鱼”便是那些一两寸长、长不大的小杂鱼。这些小杂鱼如果加入切碎的腌菜去煮，在我们眼里便是山珍海味。等我成年后，有条件吃上大鱼大肉，一比较才知道，少年时的“腌菜煮童子鱼”确实是鱼中美味——腌菜把小鱼最柔嫩细腻的肉质调制到极致。在烹调小鱼时，腌菜自己也发生了质的变化。那菜叶和菜梗的体内浸满柔嫩的鱼汁，其味妙不可言，直让我们孩子净吃腌菜，暂时忽略了小鱼的存在。

后来，我们姊妹在读书中显露出出色的学习能力。有同学不解地问：“一篇文章你怎么读了几遍就记住了呢？”我自豪地告诉他们：“我从小吃‘腌菜煮童子鱼’进补大脑，当然记忆力超常啦。”这固然是一句戏言，但我认为这当中也许真有着必然的前因后果。

腌菜不能久存于盐水中。一到冬季，父母又忙开了，父亲搬出腌菜缸上的大石块，帮着母亲晒水腌菜，经过三四日的风吹日晒，金黄的腌菜黯然失色，失去了水分，成了筋筋条条的老干菜。母亲把老干菜放入锅中一煮，再捞出来。我们看见灰塌塌的老干菜竟然旧貌换新颜——全成暗红色了。母亲把香气扑鼻、热气腾腾的老干菜晾到绳子上再晒上一些日子，就成了“梅干菜”。

把梅干菜切碎装坛又是父亲的活。因为这时的梅干菜又干又硬，没有一把手劲操刀切菜，梅干菜是不会被切得又均又细的。夜幕降临，母亲点燃那盏烟雾缭绕的煤油灯，父亲坐在小凳子上，一手按着梅干菜，一手握着刀，鼓着腮帮，“咬牙切齿”地，一刀一刀切着坚如葛藤的干菜。

父亲虽然人高马大，但是心细如发。干菜装坛时，对母亲说：“装坛时，干菜里还得拌些盐——腌菜在晒、煮之中失去了许多盐分。”

母亲无语，只是点头。父亲把盐盆拿来，抓出粗盐放到砧板上，侧过菜刀，把半盆粗盐轻轻拍碎，压细，然后拿过装干菜的“小口龙坛”，撒一把盐末，装一层干菜。

这一坛干菜，虽然做不出“腌菜煮童子鱼”，但是“梅干菜焖肉”便是父亲送给我们的另一道美味。在计划供应的年代，凭着不多的肉票买回来的肉，母亲想让我们多闻几天肉香，便把肥瘦各半的肉块淹在满锅的梅干菜里煮。我们这些孩子不干了：“我们不要吃咸菜，我们要吃肉！”一向木讷的父亲，微笑着对我们说：“到时候，肉都给你们吃！我们吃咸菜，怎么样？”我们欢呼雀跃。可是等到“梅干菜焖肉”端上来，我们抢光了藏在梅干菜里面的肉块以后，再吃梅干菜时，才发现，梅干菜照样满口余香。原来清寡的梅干菜在蒸煮之中把肉上那股肥腻的香味几乎都刷洗下来。这让我们吃饭时，双眼盯紧梅干菜不放松了。

1968 年 9 月 15 日，是我人生中的遇难日——我从名噪一时的金坛县中学一杆子插到了农村的“开荒队”。风雨人生从此开始。在“文革”期间，我们口粮不足，靠“预借”，吃菜不够，靠“咸菜”。

父母知道我在乡下缺少燃料。五十多岁的父亲挑着一担煤球，走了二十多里的路来到乡下，给我送燃料。让我大感意外的是，父亲放下一担煤球，从担子的一头给我端出了满满一大瓷缸的“梅干菜焖肉”。暗红的梅干菜，深红的猪肉丁，尝着父亲亲手腌、亲手切的梅干菜，望着鬓发半白的老父亲，我心中五味杂陈：成年的我，至今还不能自立，让年迈的父亲这么辛苦地为我送粮、送柴，一种负罪感油然而生。然而，没有父亲多年来爱的支撑，我又如何走过那漫长的严冬？

斯人已去，我的“梅干菜焖肉”呢？

在一次来自天涯海角的学友聚会中，朋友们各自点了喜欢的菜肴，递过菜谱，让我继续点菜。我接过来，在已圈圈点点的菜名中搜寻我之所爱。“梅菜扣肉”几个字突然跃入眼帘，我的眼前忽地一下明亮起来：在湿润的台阶上，父亲赤脚挑水……在灯火摇曳中，父亲跳跃着踏踩……在昏暗的灯光下，父亲“咬牙切齿”地切菜……在风雪交加的严冬，父亲给我送梅干菜焖肉……父亲微笑着慢慢向我走来。

“众里寻他千百度。蓦然回首，那人却在，灯火阑珊处。”我眼睛湿润了：这不登大雅之堂的平民菜，如今竟然走入了名扬遐迩的酒店。可当我把它送到朋友手中时，已功成名就的朋友掩嘴窃笑：“那么多山珍海味你不点，替我省钱？”

可他哪里会品尝到那菜里让我挚爱一生的父爱的味道！

（作者系常州市作家协会会员、退休语文老师）

最是温情早餐时

吴良辉

如今的物质生活非过去可比，不说午餐、夜宴之丰盛美味，就连早餐也是用心讲究，精致如豆浆加上蟹黄包，又便捷如汉堡加可乐。可在我脑海里，最是回味无穷，温情难忘的，却是小时候祖母为我做的一顿顿早餐！

记得小时刚上学读书，祖母总是一大早就叫我起床。她烧早饭，我读书。祖母说，空肚子读书才能读进东西。于是那时的我就每天早上趴在家中那暗淡斑驳的老八仙桌上，支着身，歪着头，咿咿呀呀地读着什么。有没有真读进东西不得而知，但间或扭着头偷偷看祖母在热气腾腾的灶间忙上忙下，灶火映红她慈祥的脸，又或是白白的面粉撒白她的袖口，这时候祖母总不忘用她幼时"苦读"《三字经》《千字文》的经历来唠叨督促我，随后就吃到了那顿香喷喷、热腾腾的早饭。

在那勉强维持温饱，顾不上讲究的年代里，祖母总是从刚烧开沸腾着的粥锅里，用大铜勺捞起大半碗厚实、不多汤的干粥，那时米粒尚未炖化开，不糯，硬实，就当是干饭了，再拌上些脂油，筷子一走，那碗里就泛着白闪闪的光泽，吃起来香喷喷、滑溜溜的。偶尔加上两只扁圆的小团子，就着一碟咸菜或家里腌制的萝卜干，总感觉熬读"半天"后的这顿早饭是那么美味！

这样的早饭是最不容易饿着的了，祖母说："在学堂读书是不能饿着的，一饿就分心，分心就什么也读不进了！"

再后来大些，生活条件渐好，祖母就会给我再煮上一两个鸡蛋。从锅里一拿出，祖母就把鸡蛋放在刚从水缸打出的清水里，冷水一激，蛋壳就似乎好剥些了。祖母总是很麻利地剥好放在我碗里，那鸡蛋温热晶莹，在那时对我们而言，简直就是诱人大餐了。然而祖母是不允许我一两口就吞下的，因为那时她总是絮叨她那个年代里，小媳妇偷吃鸡蛋不小心被噎死的悲剧故事，以此"警告"吃鸡蛋也要注意安全。当然，冬天的时候也有例外，祖母就不会把鸡蛋剥好给我了，而是煮好后，塞我口袋里，一边一个，一手一只，焐着手，热乎乎的，去到学堂慢慢地吃。这时候，伙伴们羡慕眼馋的目光也是令我一直神气了多年的童年资本。

而现在，祖母已故去多年，我再也吃不到她亲手做的早饭了。可是记忆中那灶间朦胧热烫的雾气，那雾气中祖母映红的慈祥的脸，那面粉撒白的袖口，那斑驳八仙桌边我轻微如呓的读书声，那白亮如玉的干粥饭，那剥后微散着热气的鸡蛋……无一不还萦绕在我心海！因为，至亲虽去，但至爱一直都在！

（作者系常州市作家协会会员、小学语文老师）

炒粉丝牵出来一串思念

崔粉扣

我们这里是山区，家家户户都种山芋，山芋收获后，家家户户也都磨山芋粉，所以炒粉丝这道菜在我们这“山芋之乡”，真是普通而又普通了。但是要把炒粉丝这道菜做好，也并非易事。幸运的是我曾经有一个会炒粉丝的好妻子，她炒的粉丝，有滋有味，很好吃。

过春节时有一件事很麻烦，就是请客吃饭。有的亲戚要打好几次电话，三请四邀，甚至要“三顾茅庐”，才会姗姗而来，弄得主人坐立不安。可我家是个例外，因为妻子烧的菜好吃，特别是她最拿手的炒粉丝，大家都喜欢吃，所以正月里只要我们确定一个日期，亲戚朋友都会如约而至。就为这一点，我常常感到有点自豪。

一听说叫他们吃饭，孙子就会在电话里大嚷：“叫奶奶多炒点粉丝，我要吃得好多好多啊！”妻子炒的粉丝这样好吃，这在我们村上几乎是家喻户晓。

第一次发现妻子会炒粉丝，那是在 1985 年的夏天。那一年我们家的日子好过了，桌子上也见肉见鱼了。学期结束时教师聚餐，其中的一碗炒粉丝很好吃，个个都说要学着炒。我特意留了一小碗带回家给妻子吃，也叫她向人家学习炒粉丝。可妻子吃了几口却不以为然地说：“是不错，蛮好吃的，可这有什么难的，明天我炒给你吃，信不信?”听妻子的口气好像成竹在胸，可我却将信将疑，因为平时我并未发现她炒的粉丝怎样特别地好吃。

果然，第二天中午我放学回家吃午饭，一坐到桌边，妻子就端上一盆冒着热气的粉丝，我用汤匙挖着吃，味道确实不比食堂炒的差。只一会儿，孩子们就把盆里的粉丝抢得一干二净了。我笑着说：“奇了怪了，我老婆炒的粉丝，味道还真的不错。”

"我爷爷是土厨师，人家经常请他去烧菜，都说他炒的粉丝好吃。我从小就跟爷爷学炒粉丝。过去没有好东西炒，现在条件好了，要什么有什么，以后我就天天炒粉丝给你吃，怎么样啊?"噢，妻子炒粉丝的厨艺原来还是祖传的，难怪炒得这么好吃。我欣慰地想：找到一个会烧菜的老婆，就会吃到许多有滋有味的佳肴。我的口福不浅啦。从此，我想吃炒粉丝，就叫老婆做，多方便啊。

自此，孩子们都知道妈妈炒的粉丝好吃；自此，亲戚朋友和村民们都知道我妻子是个炒粉丝的高手。

转眼间又到中秋节了，中秋佳节是阖家团圆的日子，孩子们回来吃饭，又要吃炒粉丝了。妻子和我商量："我想把粉丝炒得好吃一点。"我边看书，边漫不经心地问："你准备怎样炒啊?"她凑近我说："过去都是肉丝、骨头汤炒粉丝，明天我想买条大黑鱼，用鱼汤炒粉丝，你说呢?"因为我平时不注意烧菜的事，只知道菜来伸筷，就随嘴说："你就试一试吧。""过去我爷爷也用鱼汤炒过，吃的人都说好，我就是不知道黑鱼是怎么弄的。"我见她这么顶真，也就不再敷衍她了。我放下书认真地说："明天我去食堂问问那些大师傅，听听他们是怎样处理的。"妻子高兴地说："好啊，人家炒得好，我也一定能炒得好的。"

第二天，我特地到食堂去问了几个大师傅，他们说先把黑鱼杀好洗净，放在清水里浸泡，再把黑鱼煮熟煮烂，把鱼刺、鱼骨拣出，然后把鱼肉和鱼汤和在一起炒粉丝。大师傅说："黑鱼腥味重，放佐料时要多倒点白酒，多倒点酸醋，改改腥味。"回家后我把这个操作过程一五一十地说给她听。她信心十足地说："这不难，我都能做得到。今年的八月半，请他们吃鱼汤炒粉丝。"

可想而知，花这样功夫炒出的粉丝，怎么能不好吃呢？两个孙子吃了一碗又要一碗，到正式吃饭时，他们都吃不下了，妻子笑得前仰后合。

之后孩子们回家来，一进门就嚷着要吃鱼汤炒粉丝。

炒粉丝是妻子的杰作，她虽然文化程度不高，却很会动脑子，肯吃苦，靠她的手感和经验，炒的粉丝口感就是好，因此村里人都来找她去烧菜，给亲朋好友吃特色粉丝。妻子是个老好人，自家的饭来不及烧，也要帮人家烧。东家请西家邀，妻子到了哪一家，哪里就飘出香味，哪里就传出笑声，哪里就热热闹闹。我从学校回来，听到大家对妻子赞不绝口，心里也有说不出的兴奋和激动。

最后一次吃妻子炒的粉丝，是在 2006 年大年初一那一天。在三十晚上，妻子对我说："明天我不用肉汤鸡汤炒粉丝，肉汤鸡汤太油腻，不好吃，就还用鱼汤炒吧?"现在生活条件好了，大家都要少吃油腻的荤菜，妻子想得真周到。"我听人家说用蟹黄炒粉丝，还要好吃，现在没有蟹黄，等毛蟹上市后再做，这一次我准备在粉丝里再加进一些香菇，你看行不行?"我高兴地说："用鱼汤炒，再加进一些香菇，很有创造性，明天就这样做。我帮你把香菇切碎。"

大年初一的早晨，天气暖和和的，太阳也好，喜鹊在门前的香樟树上跳来跳去，追逐打闹，喳喳喳地叫个不停。孩子们来了，亲戚来了，还有一些学生也来了，妻子一说用鱼汤炒粉丝，大家齐声说好。我在切香菇时，又想到炒粉丝这道菜的经历。从过去河水煮粉丝，到今天用肉汤、鸡汤、鱼汤炒粉丝，我们的生活是一天天地变好了。炒粉丝这道菜有着广阔的发展空间。以后，日子越过越好，这粉丝还不知道该怎么炒呢？“快把香菇给我。”妻子一句话把我从沉思中拉了回来，我立刻把切好的香菇端过去，妻子接过去就倒入锅里，只一会儿，那浓浓的香味就从厨房里排山倒海地冲出来了。

像以往一样，热气腾腾的炒粉丝一端上桌子，大家都抢着吃。我坐在灶门口烧火，看着脸上汗津津的妻子，很有点幸福感。忽然，刚满7岁的小外孙哭着跑过来：“公公，哥哥把盆子端去了，不给我吃，我还要吃。”外孙的脸上都粘着粉丝，嘴唇上也粘着粉丝。看着这稚气可爱的孩子，我又好气又好笑，就用毛巾把他的脸、嘴唇擦干净。我抓着他的小手问：“你喜欢吃外婆炒的粉丝吗？”他大声说：“喜欢！我最喜欢吃。”“那好，下一次再叫外婆炒，都给你吃，不给哥哥吃，好不好？”外孙拍着手蹦跳着出去了。可是，我们谁也没有想到，这竟是妻子最后一次给我们炒粉丝啊。

阳春三月，妻子上山采茶叶时，忽感呼吸困难，不一会儿就晕倒在茶田里。我们急忙把她送到医院抢救，经过几天的检查，最后被确诊为肺癌晚期。噩耗传出，我们悲痛欲绝。虽经我们多方努力，但是后来，妻子生了一场大病，回天无力，在2006年夏天一个炙热的晚上，妻子还是很不情愿地离开了我们，去了那个遥远的地方。从此，我们再也吃不到妻子炒的粉丝了。

妻子走后，我也多次吃过炒粉丝这道菜，但吃来吃去，口感总没有我妻子炒的粉丝好。今年4月份，茅麓中学96届初中毕业班的学生在金坛一家大餐馆聚会，也邀请我去参加。席间服务生上了一大盆炒粉丝，我就特地细细地品尝。这次上的是肉丝炒粉丝，可肉丝太多，油腻得几乎不能进口，我吃了一点就不吃了。由此我又想起我那聪明贤惠的妻子，她炒的粉丝稠、柔、鲜、香，一点不比大餐馆里的差。想起这些，我的眼泪便情不自禁地涌流出来，眼前一切都模糊了。

孔年喜，我的爱妻，你离开我们已有十几年时间了，虽然我们经常在夜里见面，但梦境中相对无言，唯有泪千行。你可知道我们有多么想念你啊？我们还想吃你炒的粉丝。你不是说毛蟹上市时，用蟹黄炒粉丝给我们吃的吗？你不是说，还要炒粉丝给小外孙吃吗？村里人不是还要请你去给他们炒粉丝吗？我们盼望你早点回来，我们等着你！

（作者系金坛区作家协会会员、退休语文老师）

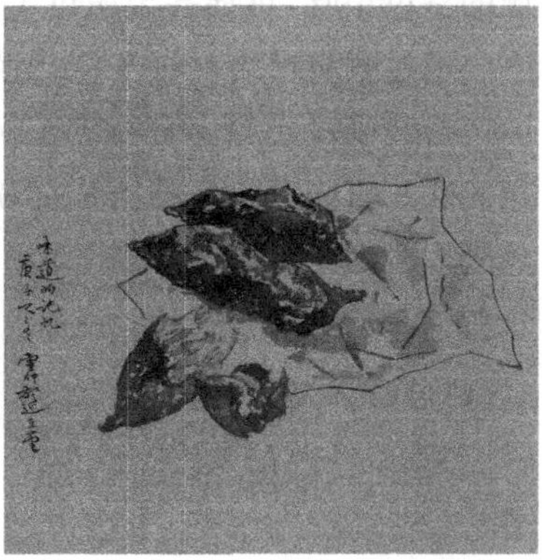

味道的记忆

黄晓春

食人间烟火四十余年，也曾有机会赴各色宴会，尝名派大餐，品美酒佳肴。但让我亲切回味的不是什么山珍海味，却是难登大雅之堂的市井粗粮，脚炉里的爆米花、灶膛里的烤山芋、母亲赶集带回的金刚脐……

曾在网上看到有人说：人味觉的喜好和儿时的记忆有关。细细想来这话不假。一种食物一个味道，一个味道一个记忆，一个记忆便是一段故事。

总是儿时的一种味道让人记忆深刻，山里长大的孩子对山芋的味道记忆尤深。

老家属丘陵地带，盛产山芋。那片片荒坡盛不住水，种不上水稻，却是种山芋的好地方。一亩山地能收山芋上千斤。每年稻场一结束，大伙都忙着起山芋，家家庭院里都有一堆堆山芋。

我记事时，已是 20 世纪 70 年代中后期，但村上还是缺粮。在老家有句熟语，七月半吃吃看，八月半吃了一大半——说的就是山芋。新稻还没有上场，陈稻已吃完，这时山芋是最好的过渡。

山芋既是粮又是菜。可煮着吃、蒸着吃、烤着吃，可切片晾成干熬粥，可刨成丝煮饭，可做山芋羹，可轧碎酿浆做粉丝……在瓜菜半年粮的岁月里，山芋是养命的宝，山里的孩子就是吃着山芋长大的。

深秋时节，西风渐起。行走在小城的街头巷尾，不时会有阵阵清香从街巷里飘出，不用看也知道——那是山芋的香味。又到烘烤山芋上市时，这熟悉的乡野气息让我感觉温暖，感觉亲切，总会忍不住买几个尝一尝。

记得儿子上幼儿园时，母亲带来一小包山芋，儿子天天嚷着要吃，不几天就吃完了，一个劲儿说好吃，还打电话叫奶奶再送些来。

儿子这么喜欢吃山芋，惹得他奶奶说："真是山里人的种，天生吃山芋的命。"我想爱吃山芋有什么不好呢，山芋虽说是粗粮，可它是纯天然的绿色食品，从栽种到收获不需要喷洒任何农药，且有润肠通便的功效。烘烤山芋这不也成了小城的特色小吃，价钱甚至超过了新米。

不过我自己现在很少吃山芋，吃了胃里反酸，大概是小时候吃得太多了。但山芋对我来说已超出食物的范畴，有一种说不出的情感，和人生中一段美好记忆相关联。时间已将它研磨成淀粉，深深沉淀在我的骨髓里，它的味道时时滋补着我的乡村情怀。

（作者系江苏省作家协会会员、江苏省报告文学学会会员、《闻艺金沙》主编）

七、风味美食

持螯更喜桂阴凉，泼醋擂姜兴欲狂。
饕餮王孙应有酒，横行公子却无肠。
脐间积冷馋忘忌，指上沾腥洗尚香。
原为世人美口腹，坡仙曾笑一生忙。

——摘自《红楼梦》贾宝玉咏蟹诗

香芋鲫鱼汤

蓝　草

从小就吃香芋，却不晓得它原来很有名。连《红楼梦》里的贾宝玉都一本正经地说起：黛山林子洞里的小耗子精想变作香芋，不料竟变成了一个香玉美人……若那小耗子精真要变个小香芋呀，只怕也会滚落山下，落到我们金坛建昌圩里吧？

建昌圩里，水最多。每天一睁眼，洗脸刷牙就到河边去了；每天一出门，抬脚就是上桥下桥。桃花水刚涨，就站在桥上巴巴地看，看手拿鱼叉的父亲，看河里成群结队的鱼。父亲的眼睛，母亲说比夜猫还要尖。他那柄打磨得雪亮的鱼叉，有时竟能一下子挑上来两条大鲫鱼！当然，还有鳊鱼、草鱼、鲢鱼、鳜鱼……“桃花流水鳜鱼肥”，一点不错呀！再等到发黄梅水时，大河小河，深塘浅池，长沟短渠，连上了水的稻田里，都游动着鱼虾的身影，到处是水精灵的世界！

在那河坡上、塘坝头、水渠边，在那些水稻田旁和总是潮湿松软的低田里，香芋悄悄舒展开秀丽的身姿，绿叶亭亭。“小家碧玉”的香芋，没有丰满芬芳的花朵，“香”从何来？即使扒开它脚下的泥土，也只看到一些灰头土脸、其貌不扬的小家伙——芋头，哪里比得上藕的白嫩、山芋的红润、土豆的富态呢？母亲微笑着，在清水里把它们洗干净，然后放进锅里加点清水慢慢烀。我不太情愿地往灶膛里添草，添着添着，就闻到了香，那是从锅盖缝里升腾出来的香，缭绕不绝，温润绵长……

母亲说：“外地的芋头辣嘴，而我们建昌的红香芋生吃都不辣，反而有点甜。”我不敢信，因为我只吃过我家种的香芋，它远没有山芋甜，似乎也没有菱藕粉。母亲笑我嘴刁，所以才长得像餐鲦。餐鲦我倒喜欢，我们河里的鱼我都爱吃。可惜有一天，父亲只捉到一条小鲫鱼。已是秋风习习的季节，父亲捉回来的鱼就少了。看着这条比我胖不了多少的鲫鱼，我叫母亲快点扔了吧，喂猫。母亲却看看墙角篮子里的香芋，笑眯眯地说：“别扔，别扔，我做汤给你们喝。”

那是我第一次尝到香芋鲫鱼汤。母亲微笑着，把一盆热气腾腾的汤端到桌上。热气钻进鼻子，辨不清是鱼香还是芋香，反正是引得我口水直流了。我伸筷一夹，捞上来一块香芋。这香芋是去了皮的，微微的红，淡淡的紫，和它那粗糙的外衣截然不同。父亲看我目瞪口呆的样子，便说：“红香芋嘛，又红又香……”母亲拍拍我，是怕我不肯吃，催促我。我已经舍不得丢下这块香芋了，含进嘴里，抿了一下。“好鲜啊！”我张嘴大叫，差点掉了香芋，赶紧闭起嘴巴。父亲哈哈大笑：“怎么？眉毛要鲜掉啦？”我连连点头，迫不及待地又夹一块香芋放进嘴里。柔软细腻的香芋，饱浸了鱼汤的鲜美，像一尾小鱼在嘴里滑动，然后一不小心滑进了肚子里。母亲搛了一块鱼肉给我，我毫不客气地进嘴就嚼，这鱼肉没有半点腥气，吃得我满嘴生香，连齿缝里都留下“香玉美人”的芳踪了！我吃得津津有味，几乎忘了碗里的饭。平时最反对汤泡饭的父亲破例往我碗里舀鱼汤，一边舀一边说：“这汤透鲜的，荤素搭配，营养好得不得了，越吃越聪明……”我端起碗，喝了一口“聪明汤”，果然，又香又浓又鲜！那天，我很难得的，吃了两碗饭。

多年后，我还是时常忍不住要夸母亲，一条小鱼、几个香芋就能烧出一盆好汤来！母亲摇摇头：“不是我手巧，是水好。”“水好？”“是呀，建昌圩里的水，水养的鱼，水长的香芋，都是水做的！”母亲还是微笑着。

（作者本名曹云娣，系江苏省作家协会会员、金坛区作家协会副主席）

酱油豆

沈成嵩

进入冬季，又到了做酱油豆的季节，妻从自选商场买回来一袋“四川豆豉”，打开一看，原来就是江南水乡原先所特有的酱油豆。将其在饭锅上蒸熟，细细品尝，虽然也鲜也香也辣，却总感到找不到当年母亲精心制作的酱油豆那样的口味，那样的感觉。

我从13岁到金坛读中学，16岁参加工作，几十年来，不管到什么地方工作、学习，母亲总要千方百计给我捎上她精心制作的一大瓶酱油豆。打开瓶盖，就能嗅到那股诱人的香，把肚里的馋虫吊得痒痒的，用它过粥搭饭，根本用不着其他的菜，就能“呼啦呼啦”地扒个两三碗。如果考究一点，用酱油豆炖鸡蛋、炖豆腐，再放上一些小虾米，那简直就“鲜掉了眉毛”，那种鲜味不是如今味精的鲜，也不是鸡汤、鱼汤那种鲜，而是一种“自然鲜”“叮在嘴上的鲜”，每次吃到酱油豆，我就会想到童年时母亲虔诚地做酱油豆的情景。

过了重阳佳节，每当黄豆登场，母亲就到集市上选那种粒大珠圆的绿皮大豆，晚上回来，在灯下一粒一粒上手选，把破皮的、小的、发霉的黄豆全部剔除掉，再将一粒粒好豆抛撒在铜盆内。那时，我总是似睡似醒地躺在床上，见房内一灯如豆，母亲的身影在晃动，将一粒粒大豆落进铜盆，敲得叮叮当当，真有“大珠小珠落玉盘”那样的意境。

做酱油豆先要将大豆下锅煮熟，然后捞起来摊放在床上的草席上，上面再盖上一层稻草，并且要经常洒水，保持一定的湿度，促使黄豆发霉。说起来也真是怪事，“霉”在中国的字典上，总是贬义多。如倒霉、触霉头、霉烂、霉变、霉气等，唯独做酱油豆那种“霉”，是好霉，越霉越起鲜，越霉越好吃，如果酱油豆不霉，这制作就算是失败了。听母亲说，要一直等到黄豆霉起一层层厚厚的“绿毛”，这做酱油豆的"工程"才算是完成了一半。

下酱油豆要过了冬至,交冬才进九,听母亲讲,用"九天"的水下酱油豆才能保证不变质,能贮藏。下酱油豆那天,母亲刷缸、晒缸、烫缸,把锅子洗得干干净净,先煮上一大锅开水冷却,打进一只牛头缸内,然后下盐,下葱、姜和红辣椒丝,再下进霉酱油豆,盖上缸盖,用丝棉纸、灰报纸严严实实地将缸口扎紧,埋入地窖,铺上一层厚厚的稻草。为了做这些活计,母亲隔夜就洗了浴,并在灶上点了一炷香,从来不要别人插手,"小把戏"不准乱插嘴、乱动手,所有器皿碰也不能碰。母亲说:"人身上也有鲜气,要用人的鲜气来吊黄豆的鲜气,人的鲜气就是精气神……"这酱油豆埋在地窖内,一直要等到"九九桃花开,紫燕南归来"才能开窖。开地窖取酱油豆,就像农人收获丰收果实那样,母亲总是喜滋滋地第一个揭开稻草,啊,那扑鼻的、不可抗拒的香气从草隙中冲出,那是一种酶经过发酵后散发出的酒香、酱香,它和大豆原始的清香混合在一起,组成了一种醉人的香。

新鲜酱油豆做出来后,母亲总要盛上一碗碗,送给四邻八舍,让街坊乡亲也能尝尝她的手艺,听到邻里的赞扬声,见到还来的一个个空碗里的一张张红纸和一只只鸡蛋,母亲像是得到了最高的奖赏。

如今,母亲早已离我而去,我再也吃不到那种奇鲜奇香的酱油豆了。我终于明白了,这香气既有大自然的造化,更多的是母亲用她那一颗爱心所精心酿造的啊!

(作者系中国作家协会会员,曾任《金坛日报》总编辑)

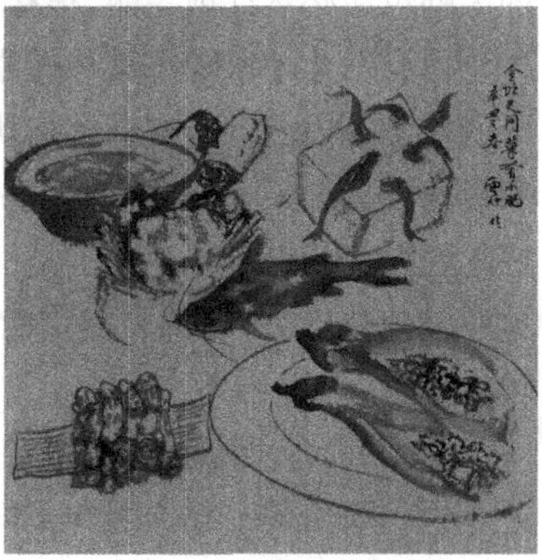

金坛民间菜肴小记

蒋安然

宋太宗赵光义问："食品称珍，何者为贵？"翰林学士苏易简曰："食无定味，适口者珍。"每个人品味佳肴的口感都有所侧重，那下面什么样的食物会成为你心目中的至珍至贵呢？

先介绍"金砖白玉板"似的豆腐吧，可以做出很多种花样来。比如豆腐花。黄豆磨碎过滤成豆浆后，煮沸，加入石膏，凝结成稀软的豆腐花。白乎乎，柔嫩细滑，入口即溶。放入白糖为甜豆腐花。佐以榨菜、酸菜、咸萝卜、一勺特制酱卤，备麻辣油加之，爽口顺滑，大口吞食，舌尖麻木直至汗流浃背，其为咸豆腐花。金坛人喜尝咸味豆腐花，外乡人闻之，称有怪味，亦常误认为南方人只吃甜食，其实，生在江南的金坛人也嗜咸味。

下一道菜也和豆腐有点关系。四爷爷养鱼，他家常年有鲜美鱼汤喝。浑身金灿的昂公要挑选个头小的，个小则肉细嫩。剖肚拉肠，清洗后，抓住昂公鱼背上坚硬的锯刺，钉在圆形的木锅盖内壁，铁锅内加水煮沸，直至昂公肉一块块掉入滚水中。开锅，取下木锅盖上昂公残留的骨头架，再往锅内倒入豆腐块，加姜末、葱花调味，点点香油，即刻香味扑鼻，鲜汤美味，入口细腻。这种乡土烹调法也只有在金坛民间可以得尝。

鱼中属泥鳅最营养了，谓之"水中人参"，捕来的泥鳅常常不急于杀，在清水中养几日，等泥鳅把五脏六腑清吐了个干净，这才不慌不忙地放入豆腐，不一会，豆腐上便被泥鳅钻出若干眼孔。它的特殊之处在于泥鳅肚里吃饱豆腐泥，上平底锅煎炸，鱼肉爽滑酥嫩，咬一口油汁四溢，口齿留香，堪称珍奇美味。

特产洮湖螃蟹，金坛人做螃蟹都不算一回事了，随意可做成清蒸的、香辣的、姜葱的。值得一谈的是吃"醉蟹"，绑好蟹脚不让它乱爬，入水蒸到蟹壳表面颜色金黄时，将半瓶啤酒倒入，焖煮。你会爱上啤酒味的醇厚，也爱上吃醉蟹，一吸一吞，顷刻全身的毛孔都在沉醉。当然吸汁最享受的还属“油焖大虾”，这道菜的成败在于调的汁是否够味，去腥味必不可少的是葱、姜、蒜、老抽及十三香。那出锅的大虾色泽必然红艳亮丽，很猛地吸上一口，油润爽口，特别过瘾。

再介绍几个家常小菜。通常家中煮饭到半熟水干的时候，饭锅里会放入切半的茄子，淋上点油，或红薯切块，连皮蒸，那滋味儿绝不输过有名的鱼香茄子煲和拔丝红薯。未到饭点，小孩子们便忍不住地从饭锅里来回地捏着吃。说到饭，好吃的“饭团”想做漂亮了也是门技术活。只要沾点清水，外面裹上蛋皮，有锅巴也厚厚地包上去，咬起来就又软又硬的，很有嚼劲，抓在手上边走边吃也不会吃相太丑哦。

金坛人有在外面吃早餐的习惯，旧桥头的早餐摊位最是不容错过，吃一次就爱上它。同油条一起炸的有不同种口味的饼子，肉末饼、包菜饼、豆干饼，其中最畅销的是韭菜饼，这家的面粉不会上得太多，只是薄薄的一层，馅却给足了料。“油老鼠”更是主打物，浓浓的米浆加入胡萝卜丝、土豆丝，裹成老鼠的形状，让它“扑哧”一声跳进油锅里，“哧拉拉”一长串声，从表面微黄到棕黄，夹起，外皮酥内里稠，糯糯的，黏黏的，甜丝丝，还抗饿。

“大麦粥”为酷夏的降暑粥，家家必吃之物，不得不提了。大麦粉加水和少许食碱，通常加入一碗未食完的米饭，米饭不够的话，也可和面粉疙瘩进去，嚼在嘴里口口香浓，意犹未尽。

闲来无事的时候，解一解馋，“糯米莲藕”最合适了，也叫“江米藕”，米不限制，糯米的黏稠和不断的藕丝相缠绕，口感最佳了。糯米泡软滤干，塞入藕孔里，用纱布包好，米便不容易脱落，蒸煮后切片用牙签叉之食用。常食此品，绝对安神滋补。

当然，小时候每逢过年，家中都会备一道叫“扎肠”的菜，一块五花肉、一块猪肝、一块嫩笋，有时也会加一块酱过的黑香干，用猪小肠捆扎好，爆火烧之。来了客人，放入饭锅里蒸一下，食之肉滑溜而不腻，口感甚是鲜嫩，百吃不厌。

以上介绍的一些食物，皆是本人饮食记忆中的一些碎片，零星记录下来，品评回味，也算作为一个金坛人的美食品鉴吧。

（作者系金坛人，水北中心小学老师）

传统村筵回望

戴裕生

岁月如梭，人生匆匆，转眼间离开乡下老家来到城里闯荡已有三十余年了。不经意间已年过花甲而近古稀。偶尔上饭店赴宴，看到食客爆满，美味珍馐丰富多彩、琳琅满目，不由勾起我年轻时在乡下做厨师时的回忆，禁不住感慨良多、思绪万千。

我的岳父曾在南京做过厨师，回乡后就一直发挥专长，在农村为乡邻们婚丧嫁娶等操办酒宴。我结婚以后也就跟他打打下手，学习厨艺。后来岳父年纪大了，我就接替了他的工作，直到改革开放后的 20 世纪 80 年代初，我被当时的城西公社从大队电灌站调到城西无线电厂任技术厂长，才结束了这段兼职乡村厨师的生涯。

民以食为天，中华饮食，源远流长。家乡金坛乃江南富庶之地，膏腴之土孕育了鱼米之乡，指前之标米，酒厂之封缸，茅山之野味，长荡湖之水鲜，造就了家乡的地方美食丰富多彩、变化多样、风味独特、淡雅典丽、琳琅满目。金坛美食属苏菜之列，为全国八大菜系之一，菜肴用料精细，以水鲜为主，刀工严谨，讲究火候，清鲜本和，咸甜醇正，追求本味；在色、香、味、形的基础上风格雅丽，形质兼美。

在我做厨师的 20 世纪六七十年代，国家仍在困难时期，人民生活尚不富裕，乡村办宴席，还是沿用传统的所谓“拾碗头”，即每桌只有 10 道菜肴，以致人们去赴宴都是说去吃“拾碗头”。10 道大菜，虽不算太丰盈，但在当时已属不差，且 10 道菜各有千秋，不失我们传统的地方风味。

一般筵席除冷盘，头一道菜定是大杂烩，所以也称“头菜”或“和菜”。其用料是猪肉、鱼圆、蛋糕、油炸肉皮、油炸水发蹄筋及茨菇、冬笋等时令菜蔬，配以淡菜、开洋等海鲜，荤素搭配、咸淡相宜、鲜美可口。此菜一般用大汤盆连上两盆，一盆加淡菜为浇头，一盆以开洋为浇头，装盆后撒上蒜花，上桌后香气四溢，饥肠辘辘的食客无不垂涎欲滴。

第二道菜是炒粉丝，也称痴鱼炒粉丝。此菜为金坛传统名菜。痴鱼俗称痴鱼呆子，学名虎鱼。那时河沟湖塘都盛产此鱼，该鱼肉多刺少、味道鲜美。现因环境污染，已很少见了，实为憾事。此菜做法是将鱼煮熟去骨，加适量油炸肉圆，弄碎一同放佐料煸炒成肉末，做鱼圆用剩的青草鱼拆骨肉也可放入。再将优质山芋粉丝浸泡一夜后切短，用高汤加佐料煮透，倒入煸好的肉末翻炒，起锅时用水淀粉加米醋打芡，重加荤油后装盆，再撒上蒜白末和胡椒粉。其味酸甜适宜，鲜美滑爽，油而不腻。

食客经这三大盆美味的大快朵颐后，腹中已有垫底，便可再慢慢品尝后面的美味珍馐。接着上的菜肴有：

虎皮肉，又称汁肉或扣肉。用猪五花肉切成大块煮熟，捞出后用酱油上色，再下油锅炸成金黄色，捞出后加佐料，然后用高汤煮透再捞出沥干，切成条块装碗，加佐料及原汤上笼蒸酥。上桌时反扣盆中，色泽金黄，皮酥肉嫩，咸甜醇正，肥而不腻。

扣鸡：将草鸡煨熟后，切成条块装碗，加佐料及原汤上笼蒸烂，上桌时反扣盆中，撒上蒜花，其味鲜嫩可口，原汁原味。

八宝饭：将上好的糯米淘洗后浸泡一夜，上蒸桶蒸成糯米饭，再倒入锅中，趁热加熬制好的板油和绵白糖拌匀，使饭粒粒爽朗，不硬不烂、油光发亮。再将生板油去膜，切成豆子块，放入碗底，将蜜枣、莲心及多种果脯切成小块放入碗周边，再将饭装满，上蒸笼蒸至生板油熟透。上桌时反扣盆中，加适量开水和白糖，撒上红绿丝。色美香甜、油而不腻、糯而不黏。

还有虎皮蛋，即整蛋剥壳，油炸后加汤汁烧制而成；油炸肉圆或清蒸狮子头，油炸的为红烧，清蒸的为白烧；红烧鱼或糖醋鳜鱼、甜汤羹、三鲜汤。另外炒一盆时令蔬菜，如青菜、菠菜或芹菜等，名曰：过饭菜。有时厨师还会应主家要求，加炒几道鱼片、猪肝等家常炒菜。

10 道菜下肚，食客基本都已酒足饭饱，也甚少浪费。不像现在饭店里办酒宴，几十道菜，盘子叠盘子，有些菜甚至都无人动筷，实乃奢侈、浪费之不良风气。

当时我们烹饪菜肴，从不用什么色素和添加剂，甚至连深色酱油都没有，红烧用的糖色都是厨师用红糖熬制而成。那时味精也很少用，都是用鱼、肉、鸡的原汁制成的高汤加糖、盐进行调味。鱼圆、肉圆也不用绞肉机，全靠手工剁成。所有烹饪的菜肴都源自天然，原汁原味，各具特色，色香味美。

现在上饭店，虽然菜肴五花八门、层出不穷，但总觉得还不如那时的“拾碗头”吃得津津有味，回味无穷。或许是现在生活条件好了，食多无味了吧，也可能是一种怀旧情结，以致平时我的一些亲朋好友和儿女们在吃酒宴时，还时常开玩笑地说有些菜还不如我以前烹制的菜好吃呢。

（作者系文史爱好者、金坛区作家协会会员）

话说“大丰收”

张留生

“大丰收”,是一道普普通通的菜肴。

一次筵席上,服务员将盛满食品的柳条精编的小箩筐呈奉到我们的餐桌上,并用甜润的嗓音介绍着:“这是‘大丰收’。”

多好的“大丰收”,多好的佳肴——蒸煮的山芋、芋头、南瓜片,还有玉米、花生。顿时,整个酒店热气腾腾,香甜扑鼻。

“大丰收”,把我和那曾经的岁月紧紧地联系在一起,一种特别的亲近感涌上了心头。

“大丰收”是农家年年的期盼,从播种开始,人人都盼望今年的收成比去年好。我们的祖辈就是这样地盼望着,祈祷着……

自幼,“大丰收”这三个字,就像夜空中的星星,镶嵌在我的脑海中。在那个饥肠辘辘、缺铁、少脂、贫血的年代,不管是谁,就盼有一碗米饭的口福。在那个“瓜菜代”的年代,只要一闻到煮山芋、煮芋头的香气,我就会急乎乎去开锅,用右手三指伸进烟雾蒸腾的锅里,捻上一个紫红色的山芋。父亲总是警告着“别烫了手,小心烫着嘴”。我一边吹着气,一边剥着山芋皮,露出粉嘟嘟、甜滋滋、香喷喷的山芋泥。好口福啊!馋得肚里的虫子“咕咕”地叫。

还有那飘着清香的红香芋,别看那黑乎乎、毛茸茸的外表,只要轻轻剥去这层外衣,里面白皙皙、硬整整的口味,真叫人打嘴不丢!

一缕缕炊烟袅袅,一阵阵五谷飘香,一件件辛酸的往事,组成了一部黑白影视片,一幕幕出现在我的眼前——

跟我同龄的侄女,还不到10岁,因多吃了发黄的青菜,浑身青紫,奄奄一息时,只想吃上一口粥……就这口粥的欲求,都无法满足。

大伯因饥饿，患了浮肿病。临终前只想吃一个黄山芋……

20世纪60年代初，父亲当了生产队队长，到山里，用20斤糯米换回20斤山芋苗，在生产队的隙地、土丘上插栽了半亩的山芋苗。当年秋天，就获得了大丰收。生产队平均每人分得20斤山芋，还在生产队的公房里煮了一大锅山芋。香甜的山芋味飘散了一个冬春。生产队的男女老少，脸上都露出了笑容。

从解决温饱，到步入小康，迈向富裕，我们就这么一步步地走着。我们的饮食文化也由原初的饱食文化，到现在的文明饮食、科学饮食。过去，我们欲求的是浓重的油脂味；现在，我们讲究的是营养学，追求的是“清清淡淡”的自然味。过去，我们图的是吃饱吃好；现在，我们把科学发展观具体运用到了餐饮行业，既讲究营养，又讲究保健，更加注重饮食文化中的品位。

过去，我们对于诸如山芋、芋头、南瓜、玉米等这些“土特产”中富含的各种营养缺乏认识，只把它们当作“杂粮”“粗粮”，而对于它们当中富含的微量元素、维生素(这些又是大米和面粉中缺少的)，却是知之甚微。现在我们一步步走近了它们，走进了它们的“秘密家园”。

山芋中的维生素 B_1、维生素 B_2 的含量，分别是大米的6倍和3倍。国外很多女性把山芋(红薯)当作驻颜美容的好食品。生吃甜脆，熟食甘软，吃在嘴里，甜在心里头。它既可作主食，又可当蔬菜，蒸、煮、煎、炸、烤，吃法多样，一经巧手烹饪，便能成为桌上的美食佳肴。红薯有抗癌作用，有益于养气、补心，也是糖尿病人的食品之一。

芋头，富含钾、钙、胡萝卜素、维生素C等，特别是它有较高含量的氟，既可保护牙齿、帮助消化，又有膳食纤维的功能，能润肠通便，防止便秘，提高机体抗病能力。

南瓜中的高钙、高钾、低钠含量，特别适合老年人和高血压患者，富含人体需要的多种氨基酸和多种活性蛋白、维生素、微量元素，既有丰富的营养，又有补中益气、平肝和胃、和血养血、调经利气的功效。

花生有着“长生果”的美誉，它能降低胆固醇、延缓人体衰老、促进儿童骨骼发育、预防肿瘤、预防和治疗心脑血管疾病。所以，民谚道：吃花生，能养生。

在所有的主食中，玉米的营养和保健作用是最高的。玉米中的维生素含量是大米、面粉中的5～10倍。玉米具有调中开胃、益肺宁心、清湿热、利肝胆的功能。我们常吃玉米，可以预防心脏病，预防癌症等疾病，能延年益寿。

在当今吃腻了大鱼大肉，海鲜美味也不稀罕的筵席上，推出了“大丰收”这道美食，并不是单单为了“反朴”、改改口味，而是一种高雅的饮食文化的“归真”。饮食文化的根在哪里？就在这里！

“大丰收”这道美食，究竟从什么时候开始搬上席间的，我无法考证，但我知道，至今在我们这个地方仍然风行，而且越来越接近原始。无论是宾馆、酒家的喜宴、寿宴，还是亲朋的会宴、日常家宴，都会有“大丰收”奉上，你会听到“正宗的茅山山芋，正宗的建昌红香芋……”于是乎，关于山芋、芋头、南瓜、花生、玉米的话题和传说，也便随香而起……

而此时，我会第一个伸手去拿起一个，轻轻地剥去皮，原始地拉近了我和这些食物的距离，慢慢地细嚼、细品着天然美味。

（作者系中国作家协会会员、《洮湖》杂志编辑）

糯米南瓜粥

赵 蓓

初秋，一日下班，先生带回了两个刚刚从田里采摘下来的新鲜南瓜，说是同事在乡下务农的父亲栽种的，正值时令，送给大家尝个新鲜。那弯弯的呈长条形的南瓜上还裹着一层淡淡的白粉，这一下子勾起了我久远的儿时对南瓜的记忆，我兴奋地策划着，要做一锅记忆中又糯又香的美味糯米南瓜粥。

记忆中，那还是20世纪70年代初，欢乐的暑假，姐弟几个总是在乡下外婆家度过的。外婆家住在村子的西边，门前的场院是孩子们嬉戏的天堂，前面是一条狭长的河流，荡漾着清波，带着清晰可见的鱼儿和花瓣流向村东，河边的大树浓荫覆盖了整个场院，空气中弥漫着淡淡的青草和着牛粪的潮湿的气味，一天的太阳肆虐下来，傍晚，一阵一阵初秋的凉风吹来，暑气顿时消了许多。在西天晚霞的映照下，晚餐开始了。那时候生活水平低，一日三餐只有中午有饭吃，晚餐大多是喝粥。南瓜成熟时节，外婆早早就去田里摘了还沾着露水的南瓜，洗净剖开，去瓜瓤和瓜子，带皮切成块状，然后淘一斤糯米，那时候，在农村，糯米也只有来客才能吃到。然后架起大铁锅，熬制一大锅又稠又黏又香又糯的糯米南瓜粥，给我们这些城里来的孩子尝鲜换口味。南瓜子也洗净晒干，炒成喷香的瓜子作为我们午后消闲的茶点。童年的快乐留在记忆的光盘中成了永恒的纪念。如今，外婆离开我们已有20多年了，但她慈祥的笑容、在灶间忙碌的身影却永远封存在我们记忆的深处，亮在我们的心底。

凭着记忆，我量了半斤糯米，洗净加水，南瓜切开，一股清甜的气息扑鼻而来，这是久违的熟悉的乡村味道，真有“似曾相识燕归来”的感觉。糯米煮开后再加入南瓜小火熬煮，45分钟后，一大锅黄灿灿、油亮亮的南瓜粥就煮成了，温润洁白的糯米和着小块生脆的南瓜竟然熬成了绵软金黄色的米粥，让人垂涎欲滴。

我呼夫唤儿，大家围坐一桌，兴致勃勃地品尝我的手艺。然而，怎么吃也吃不出小时候的味道了。南瓜的味道倒也正，只是糯米没有那般黏、糯了，熬出来的粥也就没有那般稠滑了，也许是农药打多了的缘故。再一想，外婆煮的粥是用新鲜的麦草作燃料，在农村的灶台上用大铁锅熬制的，自有一股特别的香味，而且，那时候，农村的水是多么洁净甘甜啊。

现在，我们极难得有闲情去吃糯米南瓜粥，只是在大饭店能觅得它的踪影，但那是作为补中益气、清热解毒、滋补养颜的养生菜品食用的，哪里有姐弟几个围坐一桌，在外婆慈爱的注视下，小猪上食般觅食，争先恐后的那份香甜，那份亲密，那份快乐。外婆对我们这些城里来的孩子的一份特别的慈爱，在少年的心底种下了一份感动，如今永远留存在我们心中，让我们永远不能忘怀。

（作者系金坛人，金坛广电局退休职工）

春到人间一卷之

朱　瑜

春节的年味儿还意犹未尽，料峭的寒意还没散去，淡淡的、幽幽的春风中，一阵阵春卷的香味儿渐渐弥漫开来……

春卷是由古代的春饼演化而来的，历史悠久，陈元靓的《岁时广记》中记载："在春日，食春饼，生菜，号春盘。"清代的《燕京岁时记》也有："打春，是日富家多食春饼。"春卷是一种荤素兼备的迎春美食，并且具有主副兼备、清淡不腻、味美好吃、风味独特的特点。

现在的生活方便多了，超市有现成的春卷，各式各样的馅应有尽有，买回家，倒上油，炸一下，就能端上饭桌了，省却了很多麻烦。但是我总感觉或许少了点什么，失去了春卷特有的味道，或许吧……我总是喜欢自己寻了春卷皮，回家动手卷之。春卷皮随处可以买到，在居住的小城，几乎每个街头巷尾都有个烙春卷皮的摊点。摊点不大，一个小炉子，炉子上搁置着一块厚厚的平面铁板，为了防止炉火四溢，摊主都会在上风的地方撑一把大伞，或者在炉子的四周用一个大纸板箱套着。面粉是做春卷皮的唯一原料，用水调和得稠稠的，太稠则做出的春卷皮较硬，影响口感，太稀太软了则容易破损，要将面粉调和得能一把抓上手，拉成的丝有一尺左右才刚刚好。春卷皮是现做现卖的，放的时间长了，凉了以后也容易破损，不易包馅儿。做春卷皮的大多是上了年岁的大妈，在一切准备妥当以后，便开始操作了，细细问过客人大约需要多少春卷皮后，从身旁的桶里抓上一把调好的面，用干净的抹布擦拭一下烧得微热的铁板，在做的过程中左手不停地甩动着手里的面团，将面甩得更有韧劲，轻轻在铁板上一摁，顺势一提，铁板上就留下了一块圆圆的，白色的面状物，待四周微微翘起的时候，再用右手的小手指指甲在四周挑一下，用拇指和食指往怀里一拉，一张完整的春卷皮就做好了。大妈们在做的过程中，担心客人会等得无聊、等得不耐烦了，还会间或跟客人拉拉家常，手却一刻没停止过，不知不觉中，春卷皮已经整整齐齐地码好了，收好钱，又开始等待下一个客人的光临……我喜欢驻足于前，常常惊叹她们的手艺，如此不可言喻，她们弯腰、忙碌的背影更像妈妈……

包春卷的馅儿是提前做好的，有韭菜的、青菜的、大白菜的、野菜的，有咸肉大蒜的、豆沙的……，只要自己喜欢，卷什么馅儿都可以，卷一份属于自己的味道，卷一份属于自己的心情，这样的春卷吃起来才更加香。我一直钟情于野菜馅的，野菜刚冒出土地的时候，迎风站在乡间的田埂上，可以闻到春天的味道……儿时，母亲常常带着我，挎着竹篮，去山间的田野里挖野菜。那些茂盛的野菜，开着碧绿的叶，就像是冬天遗留在大地上的大朵的雪花。它们绿色的茎叶平贴着泥土，不断地蔓延，一大片一大片地覆盖了整块土地。你只要用镰刀在它的中心根部轻轻划一刀，它就离开了土地，不大一会儿，我们的篮子就满满的了。回到家，将野菜的根部剔除掉，放入开水焯一下，轻轻挤去水分，剁碎，加上调料便可入馅。尝着野菜馅的春卷，品着浓浓的春意，那是最幸福的时刻……如今菜场随处都能买到野菜，不需要再深一刀浅一刀地去寻野菜了。

春卷是要自己卷的。包春卷是一个细活儿，也是一个技术活。将买回来的春卷皮用湿湿的热毛巾捂着，另用一个小碗盛点儿清水备用，把春卷皮平展在桌面上，再开始布料，料要布得均匀，且不能放多了，卷起来要紧凑，像一节直直的甘蔗一样，将适量的馅儿放到春卷皮的一侧，形成一个长条形，微用力卷到春卷皮一半大小的时候，将两头向中间折，然后继续卷，留到一二厘米蘸上点儿清水抹一下，再卷上，在桌上用手抚平，一个完整的春卷就形成了。春卷看上去晶莹透绿，白皮绿馅，煞是好看。

煎春卷是最后一道工序，先在锅内倒入少许的油，烧热后将春卷小心放入锅内，小火加热，一会儿，用筷子把它翻一下，文火把它煎至金黄。咬上一口先是感觉脆脆的，细嚼一下，外酥里鲜，外脆里嫩，清香瞬间充盈了整个味蕾，唇齿留香。

清代诗人林兰痴写过："调羹汤饼佐春色，春到人间一卷之。二十四番风信过，纵教能画也非时。"小小的春卷带来了春的气息，也带来了餐桌上的春天，吃春卷是件快意的事。吃，是嘴要吃，也是胃要吃，更是心要吃……

（作者系《洮湖》杂志原编辑，现供职于金坛区文联）

面筋包肉里外香

张建军

不久前，在一个餐馆里吃到了一样久违的菜——面筋包笋干。

吃到面筋包笋干，我就想到了我母亲的面筋包肉圆。在我的心底又寻到了以前那一美食的香味和情趣。

那是我儿时难得的美食，虽然做这道菜是我母亲的拿手好戏，但作为她的子女，我们也是很难享受一次。因为那时粮食奇缺，猪肉更是稀罕物。普通农家常年难以鱼肉飘香。你想，饭都吃不饱，吃肉那个奢望就像站在地上看星星。

过年买肉，那是要凭票的。我们家分配到二三斤肉票，蒸点心时团子、馒头的馅里要有肉；大年三十包馄饨的包心里要放肉；过年亲戚拜年、吃年酒餐桌上要有鱼(鱼一般不吃)、鸡、肘子肉和肉圆等。这点肉无论如何也分配不过来，这就难坏了热情好客的我母亲。她把肉皮煮熟剁碎放到了点心的馅里，让点心的馅多一点花色，加一点味道，改变一下口感。餐桌上的肉和肉圆还是等不到拜年结束，因为我母亲总希望让拜年的人吃到两块肉和一个肉圆。在这种情况下，我母亲总是尴尬地说："手长衣袖短，没有办法，你们就多吃两块鸡，把鱼也吃了。"

为了解决这一难题，我母亲不知道从哪个亲戚家学来了洗面筋的手艺。她把家里的麦麸倒进水盆里泡了一会儿，然后用两手抓起大把的麦麸搓着，就像变戏法一样，手中就搓出一块白白的、韧韧的面筋。拉一拉很有弹性，风一吹还有黏性。不大一会儿，洗到了一碗面筋。这乃是麦中之精华，麸中之营养。

真正的麸皮给猪做饲料，沉淀在水下的淀粉待水澄清后倒入匾中，晒干后敲碎，留着擀面、擀馄饨皮用。用这淀粉擀的面和馄饨皮子既光滑又有筋络，吃起来滑爽劲道。面筋可派上大用场了，取一块比蛋黄稍大的面筋团搓圆，压扁，拉成饼状，再放入蛋黄大小的肉糜，包好后再搓圆，放入油锅中炸，待面筋表皮渐渐泛起了金黄色，表皮上也奇迹般地出现了珍珠般的小泡泡，里面的肉也熟了。炸面筋包肉，无须耗多少油，做这样一碗过年的菜既经济实惠，又美观时尚，特别是味道，让人记忆深刻，是难得的美味佳肴。

等到面筋包肉全部炸好后，再倒入锅中，放入少量的水和调料煮透。此时厨房里已经是香气四溢，让人馋涎欲滴。尝一口，满口溢香，韧韧的面筋很有嚼劲，油炸后的面筋经佐料一煮，那浓香蕴含其中，再加上肉糜凝香，只要咬一口，把浓香和面筋密封的肉香同时吸入口中，香气充盈口齿，也弥漫餐桌的空间，诱人、迷人。真可谓面筋包肉里外香。更值得肯定的是面筋中的小肉圆除香味袭人外，更是细嫩可口。又香又嫩又鲜的美食谁不喜欢？所以拜年的客人来者必尝，尝者也定会赞不绝口。这道菜也就成了我母亲的一道“名菜”。

以前的棘手问题——肉不够分配，已基本解决，来客以吃到面筋而满足，自从餐桌上有了面筋包肉，那碗肉片就不再是用餐者的“抢手货”了。

第二年，拜年的餐桌上除了面筋包肉外又多了一碗面筋，取代了那碗肉片。这碗面筋的馅不仅仅有肉糜，还分别加了萵苣干、青菜、萝卜丝干。拜年的亲戚有选择的余地了，可吃面筋包萵苣干肉的，馅香而脆；可吃面筋包青菜肉的，馅清香加浓香；也可吃纯肉包的面筋。来客都极力夸赞我母亲手艺好，吃了包肉的面筋后再吃一个“花色品种”。对太知趣的客人，我母亲总是在饭吃到一半时搛给他们，尽力让来客吃到两种面筋包肉。

随着时间的推移，我们村上人也都试做面筋包肉这道菜。如今，由于粮食不紧张了，人们都用面粉洗面筋。

我母亲的面筋包肉特色菜由我姐姐和妹妹传承下来，她们经常到菜市场买现成的面筋回来包肉，一包一大盆，成为餐桌上的家常菜。每到春节吃年饭，这道菜品种增加，“销量”不减。

现在每当我在餐馆或亲戚家吃到面筋包肉，总有一种亲切感和一种喜悦的情趣。但总觉得没有我母亲做的面筋包肉那么香绕口舌，令人回味，特别是面筋里的汤汁没有那时的鲜美和醇香。

现在人们吃面筋更方便了，唐王有油面筋厂，城东城西均有水面筋作坊，大部分菜场都有现成的卖。

面筋不仅清香坚韧，而且营养丰富，我查阅了相关资料，其主要营养成分是蛋白质、脂肪、碳水化合物。面筋是一种植物性蛋白质，由麦胶蛋白质和麦谷蛋白质组成。面筋的营养成分尤其是蛋白质含量高于瘦猪肉、鸡肉和大部分豆制品，属于高蛋白、低脂肪、低糖、低热量食物。面筋还含有钙、铁、磷、钾等多种微量元素，是传统美食。现代医学研究证明：水面筋性凉，味甘，有和中益气、解热、消烦、止渴的功效。面筋：一般人群均可食用，尤适宜体虚劳倦、内热烦渴时食用。据史料记载:面筋始创于我国南北朝时期,是素斋食谱中的奇葩。尤其是以面筋为主料的素仿荤菜肴,堪称中华一绝,历来深受人们的喜爱。到元代已大量生产面筋,在明代方以智的《物理小识》上就详细介绍了洗面筋的方法。清代面筋菜肴增多,花样不断翻新。

面筋口感劲道,可用于炒菜、火锅、凉拌、烧烤、烧汤等。

明朝李时珍《本草纲目——小麦》载有:面筋,以麸与面水中揉洗而成者。古人罕知,今为素食要物……主治:解热,和中,劳热人宜煮食之。

洗面筋的方法也比较简单,在面粉中加入适量水、少许食盐,搅匀上劲,形成面团,稍后用清水反复搓洗,把面团中的活粉和其他杂质洗掉,剩下的即是面筋。

(作者系金坛人,自由职业)

巧姑娘团子

叶益飞

每次回乡下老家，老妈总是亲手给我捣鼓些新鲜的菜食，吃了回来就慢慢地都忘了。唯有一样总能记得清清楚楚，那是一种用糯米粉滚包而成的野菜团子，名字很好听，老妈叫它“巧姑娘团子”。

巧姑娘团子是老妈的拿手绝活，却不是老妈的发明。老妈说，这门菜食是从我外婆手里传下来的。20世纪60年代初，各家各户都以生产队为单位，集中在食堂里吃大锅饭。那时因自然灾害，粮食紧张，一个人头按月只有两斤米，食堂里见不着几颗米星子，开春后几乎餐餐是红草、野菜和胡萝卜打滚，吃得人看见了就从胃里打冷战。我外婆那时也就十七八岁，是个心灵手巧的姑娘，在食堂里做大锅饭。有一天，她偶然想到了个主意，和食堂会计一商量，用米磨成粉，把红草或野菜放在开水里烫成半熟，切碎了剁细了，放进一点盐，再捏成一个个圆的菜团团，放在米粉上滚几滚，然后趁潮放进蒸笼里。蒸熟以后，红草团子表面粘裹的那层米粉成了白面皮，乍一看就像是米粉团子，饿极的人们个个抢着吃。这事让公社领导知道了，第二天就召开现场会，各个生产队的食堂都派来代表，让我外婆做示范，跟着学习推广。一时间，这种菜团子风行四乡八里，人们就把它称作“巧姑娘团子”。当时，那外表好看的“巧姑娘团子”，虽也只是蒙蒙眼睛、骗骗嘴的，倒多少也解决了一点点饿肚皮的问题。

不过，老妈给我做的“巧姑娘团子”，跟外婆从前做的那种红草野菜团子，是不一样的。改革开放后物质条件丰富，生活大大改善，用不着靠“巧姑娘团子”度日了，可是很多人并没有忘记它，更没有忘记那年那月的生活。不管是因为怀旧还是迎新，他们依然会想起来，并且做起来吃。只是，后来做的“巧姑娘团子”，就不像从前用红草滚米面那么简陋啦。由于食物的丰富，“巧姑娘团子”随着生活的潮流不断进化，如今的做法变得越来越讲究，营养越来越丰富，味道越来越好，已经成了一种新鲜的佳肴美食。老妈特聪明，外婆在临去世的那年还曾手把手地教她做过好多回。现在，老妈不但总要拿出手艺做给我吃，还让我看着她怎么做，似乎要让我也跟着她学会。所以，这现代版的“巧姑娘团子”，我就连着味道和做法一起都记住了。

老妈做“巧姑娘团子”，讲究菜料的选择，最好是开春的野菜，要野地里自然生长的那种，菜味清香纯真。把1斤左右的野菜洗净烫熟切碎，稍稍挤去水分，将二两瘦肉切细，加入生姜、小葱、香菇和虾米，掺和剁细，加食盐、白糖、味精、封缸陈酒等佐料，一应俱全。然后，打两只鸡蛋搅和，老妈说这样可以使菜团子更加黏稠、柔软，富有弹性。团馅做好了，接着是裹团皮。团皮料要选上好的标糯米粉，干撒在平底的盘子里备用。做时，用手将菜馅捏搓成鸽蛋大的圆团，放入米粉盘中反复滚动，借助菜馅的水分让米粉充分粘贴。此时，菜团的表面已经裹上薄薄一层，菜团变成了粉团。老妈说这才是馅味的第一道“防线”，裹上这一层，菜馅里的汁水和味道就会渗透到了表皮米粉上，这样表皮不但会被汁水浸湿，也会因太薄而容易破裂，流汁漏馅。需在过一刻钟后，将它们放在米粉盘中再翻滚粘贴一次，增加表皮厚度，筑成第二道“防线”。这样才能守住馅的“真气”，里面的馅汁和味道就不会外泄了。然后，还要将团子放在筛子或带有漏孔的盘子中反复滚动，一是为了筛去表面的粉末，二是为了加固米粉的粘贴，这也是筑好馅汁和味道的第三道“防线”。最后，将做好的团子放在蒸笼笼蒸熟。蒸时火不能太急，要用文火。蒸熟后的“巧姑娘团子”，那怎叫一个“爽”字了得，味嫩可口，味道鲜爽，挨掌嘴都不肯丢，保准让你难舍最后一口！

前几天，老妈还打电话给我，说想让我在城里开一家“巧姑娘团子”店，她来坐镇给我当顾问，她说现在城里的许多人不仅怀旧，还都向往返璞归真的生活，开这个特色美食店生意肯定能火。我说我手头工作都忙不过来，哪有精力开店，于是老妈又让我找金坛最有名的园林大酒店牵牵线，看能不能把这个菜食引进他们的食谱里。这不由让我添生许多的感慨，真是生活可以改变人，人也可以改变生活呀。美食，其实就像一座巨大的宝藏，只要人们用心，可以有永远挖掘不尽的好东西。

（作者系金坛人，供职于金坛影剧院）

一丝余香萦口间

高逸雯

金坛是一个鱼米之乡，出生在这样的城市里，我算得上是一个有口福的人了。

家乡有很多美食，想来就让人生津，若是说我最爱吃的，还要数鱼香肉丝了。

鱼香肉丝的色彩丰富，口感鲜美，以鱼香调味而定名。鱼香味的菜肴是近几十年才有的，首创者为民国初年的四川厨师。鱼香肉丝的“鱼香”，由泡辣椒、川盐、酱油、白糖、姜末、蒜末、葱末调制而成。此调料与鱼并不沾边，它是模仿四川民间烹鱼所用的调料和方法，因而取名为“鱼香”的，具有咸、甜、酸、辣、鲜、香等特点，用于烹菜滋味极佳。

鱼香肉丝所采用的主要烹调方法是炒制，需要大约 10 分钟。首先需要选用材料：猪里脊 150 克，两个青椒，适量的水发木耳，葱，姜，蒜，少许盐、料酒以及一些必备的佐料。首先，将猪里脊肉切丝，加少许盐、料酒和生粉腌制 10 分钟，将水发木耳、青椒切成丝，把葱、姜、蒜改刀切好备用。接着准备好调味汁，即蚝油两大勺，生抽一大勺，醋一大勺，糖一大勺，豆瓣酱一大勺，调匀备用。接下来在炒锅中加油，烧热，放入葱、姜、蒜爆香后，加入肉丝滑炒。炒至肉丝变白，加入调味汁，炒匀。最后倒入青椒和木耳，用装调味汁的小碗装点水，加进去，翻炒至酱汁浓稠并均匀裹在肉丝和配料上即可。

相传很久以前，在四川有一户生意人家，他们家里的人很喜欢吃鱼，对调味也很讲究，所以他们在烧鱼的时候都要放一些葱、姜、蒜、酒、醋、酱油等去腥增味的调料。有一天晚上，这个家中的女主人在炒另一道菜的时候，为了不让配料浪费，就把上次烧鱼时用剩的配料都放在这道菜中炒和。当时她还以为这道菜可能不是很好吃，可能她老公回来后不好交代。她正在发呆之际，她的老公做生意回家了。这个老公不知是腹饥之故，还是感觉这道菜特别，还没等开饭就用手抓起菜往嘴中送，还没等 1 分钟，他便迫不及待地问："老婆，此菜是怎样做出来的?"女主人结结巴巴，不知如何回答时，意外地发现她老公连连称赞其菜之味。她老公见她没回答，又问了一句："这么好吃的菜是用什么做的?"于是女主人才一五一十地给他讲了一遍。这道菜是用烧鱼的配料来炒和的，其味无穷，所以取名为鱼香炒肉丝。

这道菜并无多华丽，多富贵，但平凡的菜肴之中，才更能体现出何为美味。鱼香肉丝味儿好，卖相也好。一个盘子中有碧绿的青椒、黑亮的木耳，还有黄澄澄的肉丝，再浇上火红的辣汤，真是令人垂涎三尺啊!

我想，这就是美味。

（作者系金坛人，自由职业）

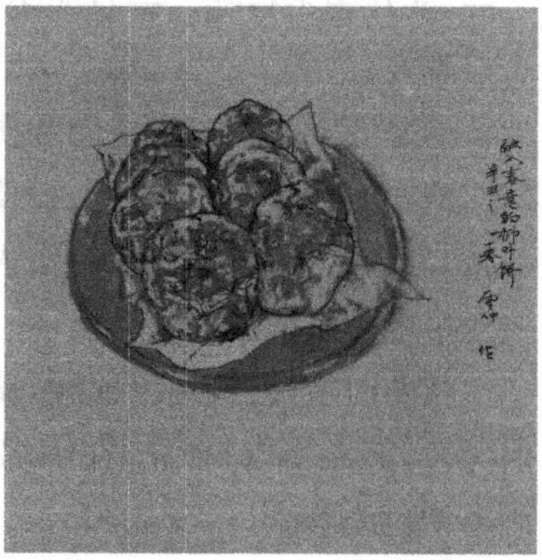

融入春意的柳叶饼

胡新梅

清明那天的早晨，我起早准备到河边那棵大柳树上去选折长柳枝抹柳球插在门上方。还没到那棵柳树，就隐隐约约地看到一个黑影在柳树上晃动。我想：谁比我抢先到了？我边想边走，定睛一看：是刚过门不久的新婶婶。她动作麻利地抹着嫩柳叶放进小花篮里。柳叶已盖了花篮底。我好生奇怪，想问问她。我就叫了她一声，可她不理我。我还以为她没听见，就大声叫了一声："婶婶，你抹柳叶做什么？"她回过头来朝我笑笑，摇摇手示意我不要说话。我觉得真好笑，也好气：还保密，还是怕人家来抢着抹？我才不稀罕呢。

我选了两根有叉的柳条枝分别抹了几个漂亮的柳球就回家插到门上和柱子上去了。

过了一会儿，妈妈叫我吃早饭上学了。真奇了，早饭碗旁边还有一盆子油糍饼子。黄黄的饼子上有绿绿的柳叶，很好看，一股清香扑鼻而来。在那口粮还不足的年代是难得吃上这美味的。我忍不住伸手要拿。妈妈说："慢，每人两块，吃了防头疼。"还有这种神奇的作用？我狼吞虎咽地吃完了早饭，手拿两块柳叶饼慢慢品尝。想想还是要去问问妈妈，解开那个未解的谜。

我找到妈没有直接问，转了一个弯儿问："妈，你真神，你今天怎么会变戏法，变出那么一盆子香喷喷的柳叶饼子。""是你新婶婶送来的。""怪不得我看她抹柳叶，我问她，她还不告诉我，她真坏。""她是大好人。她上次听我说头疼，就从她娘家带来一些糯米粉。今天特地起来抹了柳叶做饼子送来给我吃。抹柳叶做饼子时都不好说话，要在太阳出来前吃了才有效果。""你叫我吃饼子不是说话了吗？""柳叶饼摊好了就好说话了。""原来如此。"

我拎着书包准备上学。刚出门，新婶婶手里拿着两块大大的柳叶饼送给我。

她笑着对我说："你早晨问我，我抹柳叶不好说话，不要生气噢。"我也笑笑说："我全知道了，我妈都说了。"

我拿着两块大大的柳叶饼看了又看，黄黄的饼子上绿绿的柳叶，像精美的工艺品，实在舍不得吃。一看太阳还没出，我立即向学校跑去把柳叶饼送给我的两个好朋友。

这是我上小学时对清明和柳叶饼的记忆。

清明时节，民间有踏青、扫墓、祭祖、禁烟火、禁洗衣、插柳、戴柳、吃柳叶饼等习俗。踏青、扫墓、祭祖等习俗人们都能理解，至于插柳戴柳、吃柳叶饼的习俗有些人可能不太清楚其所以然。

清明时节，天气逐渐回暖，草木也渐繁茂，气清景明。柳枝率先展开了鹅黄的芽苞，笑迎春风、春光，在绵绵春雨的滋润下，柳叶慢慢由黄转绿，为春天这张画卷增色添彩。

柳叶饼是清明节最有代表性的食物。吃柳叶饼的作用，听前辈们讲主要是可以眼睛好，头不疼、不昏。在清明节前孩子们最关心的事是柳叶长得怎么样了。当时我们会跑到村边河岸去观察，看到河水清清，柳树弯弯，有时会掐个柳芽苞或柳叶放到嘴里尝尝，有点儿苦，有点儿涩。等到清明时，看到万千柳枝在春阳的怀抱中变成了绿云，在微风中荡漾着，犹如小姑娘甩着长长的小辫子对你颔首微笑，实是招人眼目。

清明前一天晚上，大人会吩咐孩子准备好篮子或口袋。待到晨光微露，孩子们会捷足先登，攀树折枝(先选枝条好的抹成柳球)，有些大人也会亲自动手。此时在朦胧的晨光中只看到人们的动作，没有任何语言的交流。高个子站在地上就能拉到柳枝，小孩也能默契地配合，一人拉着柳条，一人用手拎住柳枝头倒捋柳叶，一根较长的枝条能捋到一把柳叶。抓在手里柔柔的、毛茸茸的，那惬意劲就好像抓到了整个春光。攀在树上独占优势，往往总是先拎着早春晨光的收获满足而快乐地回家。

提着这新鲜、嫩绿的柳叶，双手轻轻地捧出这美好的希望，撒向静静的清水中漂洗一下，沥干多余的水分，和入米粉调成黏稠状，反复地搓揉，直至搓揉到柔软黏韧，再搓成一个个米粉团子压扁，那嫩绿的柳叶和嫩芽嵌在米粉饼上，像是景泰蓝大师的精制作品。此时把灶火烧得旺旺的，待沾满油的铁锅发出滋滋的响声、油香四溢时，快速将柳叶饼贴在油锅上，用中火煎烤。一面熟脆后再翻到另一面，四周再浇上油，直到两面都呈现出诱人的金黄色，饼上的柳叶由嫩绿变成翠绿。此时灶间已清香袅袅，渗入人们脑际，让人感到神清气爽。嗅到这股清香的人，嘴里的馋虫即会在喉间、舌底蠕动，人们便迫不及待地一啖而快。

你看那柳叶饼，黄黄的是油，白白的是米粉，绿绿的翠柳以中火煎烤后色彩由浅入深，确实能与大师的精美的手工艺品媲美。孩子们吃着里柔外脆、融着春意的柳叶饼，兴奋地唱着童谣："柳叶青青，油煎饼饼，吃了眼明，头脑不晕。"柳叶饼能驱除一年来的污浊，迎来清新的生活。

有史以来，我国早就有吃柳叶饼的习俗。《帝京岁时纪胜》中记载：嫩柳叶拌豆腐乃寒食之佳品。《本草纲目》以柳叶入药：小便白浊，以清明柳叶煎汤代茶，以愈为度……眉毛脱落，用垂柳阴干，研为末，放在铁器中加姜汁调匀，每夜涂抹眉部……《本草再新》中详述：柳头入心、脾二经。功效：清热、解毒、透疹、利尿通淋。主治：治痧疹透发不畅、白浊、疔疮疖肿、乳腺炎、甲状腺肿、丹毒、烫伤、牙痛。用法用量：内服：煎汤，鲜者1～2两。外用：煎水洗，研末调敷或熬膏涂。现代中医对柳叶也有较高的评价。

如此美妙的柳叶饼，已随时光的流逝，被人淡忘。让我们重拾传统的美味，让柳叶饼香世代相传。

（作者系金坛人，自由职业）

八、草根风味

端午偏逢风雨狂，村童仍著旧衣裳；
相邀情重携蓑笠，敢为泥深恋草堂；
有客同心当骨肉，无钱买酒卖文章；
当年此会鱼三尺，不似今朝豆味香。

——摘自老舍《七律·端午》

十碗头

陆令寿

在我的老家尧塘镇，提起“十碗头”，上了年岁的人都知道，那是非常盛食（丰盛）的宴席。旧时，大凡农家婚丧嫁娶、砌房造屋、逢年过节、贵客上门，都要置办“十碗头”。一般来说，“十碗头”得有荤素搭配的10大碗菜，大鱼大肉，板烧（肉丸）、鸡子（蛋）、凉拌牛肉、猪肝、藻虾（河虾）是不能少的，还有油煎豆腐、红烧面筋、炒水芹等，总而言之，再穷的人家，你也得凑齐10道菜，只能多，不能少。如果凑不足，那是很丢脸面的事，客人往往以此判断某某人家小气还是大方。搞得越盛食，客人越感到被尊重，主客双方都很光鲜。

在那个缺吃少穿、不能温饱的年月，提起“十碗头”总让人垂涎欲滴。小孩们平时盼过年，过完年就盼喝喜酒。记得我10岁那年，西南庄的表叔结婚，由于女方嫌彩礼少，婚期一拖再拖。我多次问娘：“表叔怎么到现在还不请我们喝喜酒哩？”娘说：“你这个馋鬼，家里这么多人，喝喜酒也未必带你去。”我把嘴噘得老高。娘说：“可以挂油瓶。”

到年底了，女方因为某些原因只好屈尊下嫁。那日，天下着雨，戴着破毡帽、撑着油纸伞的舅公，踏着泥泞的小道，登门送上喜帖，两手拱拳道：“荣庚腊月初六结婚，请外甥女婿一家都去。”娘从鸡窝里摸出两个鸡子，泡了荷包蛋请舅公吃。舅公嘴上说莫客气，端起碗来连汤都喝了。娘要留舅公吃饭，舅公说还要赶下家送帖，撑起伞走进了雨雾迷蒙之中。

舅公送来的喜帖是用红纸糊的一个信封，信封中央有一个“正”字，里边用粗糙的毛笔写了某年某月恭请之类的字样。我至今弄不懂那个“正”字究竟代表了什么。我对娘说：“娘，舅公说叫我们一家都去哩。”娘说：“你这个呆瓜，叫一家去就一家去啊，人家客气客气你就当福气。”“那去几个哩？”我问。娘说：“至多两个人，人家是按两人算的，多了没位子给你坐。”我急切地问：“那咱家谁去呢？”娘说：“这还用说，我和你老子去啊。”“那我呢？”“你啊，站一边去！”我嚷着：“不，我要去吃‘十碗头’！”娘看着我可怜兮兮的样子，说：“好，带你去，但你只能吊角啊。”我懂“吊角”的意思，就是不坐正位，而是靠着大人加一小凳，坐在桌子的角上，说到底就是揩油。

我每天躲在被窝里数日子，巴望初六赶快到来。娘接到喜帖竟满脸愁容，家里拿不出五元份子钱。到了初四，娘不得不去姥姥家“通”（借）了五元，用红纸包好。

腊月天，很冷，天寒地冻，滴水成冰。初六这天，天出奇地好，太阳一大早就露出了笑脸。到了半晌，地上的冰开始融化。娘怕我穿的灯芯绒棉鞋被污渍浸湿，让爹驮我。

表叔家的堂屋里贴了很大的“囍”，摆了四张八仙桌，每张桌配有四个条凳。亲戚们坐在屋檐下晒日头。日头都过头顶了，新娘还没到，大家都知道新娘在“拿翘”（摆谱），不免有些怨气，都怪新娘不懂“情头”（事理）。

心里想着“十碗头”，肚里咕咕地“造反”。好不容易挨到太阳偏西，新娘才在娘家送亲队伍的簇拥下来到表叔家。新娘很好看，拖着两条又粗又长的辫子，瓜子脸，笑起来有两个酒窝，穿了大红的缎子棉袄，煞是夺人眼球。娘说：“怪不得‘拿翘’，这么标致的人儿，活脱脱一个李铁梅呀。”一对新人在媒婆的牵引下拜堂，然后一个一个桌子去叫长辈，叫到的长辈都要出见面礼。礼很薄，也就一元或两元。

婚礼的程序走完了，厨子忙着走菜。我和娘坐在女眷桌上。女眷们吃饭比男人们秀气，相互谦让着。我实在受不了那么多礼仪，菜一上桌，就风卷残云般狼吞虎咽。娘不时地用脚碰触我，冲我耳朵低低地吼道：“你饿煞鬼投胎啊！”

娘一直不怎么动筷，她知道这“十碗头”是有定量的，板烧和鸡子都是按一桌八人配的，如果我吃了，实际上就是把娘的份额吃了。这些女眷们不像男人自顾自，凡是碰到好吃的都一人一份分了，用手绢包起来，带回去给家里的孩子分享。娘让我吃了个板烧，分的菜都要带回去。娘说：“你不能只顾自己，也要带点回去给你姐和弟弟。”一顿饭，娘只吃了点杂烩和汤，而我却把肚子撑圆了。

小孩们总盼着吃人家的“十碗头”，却不知道大人们置办“十碗头”的难处。快过年了，“十碗头”成了爹娘的心病。那时，我家有 7 口人，靠爹娘挣工分养活，在村上是有名的“超支户”。腊月十八一过，村民们忙着杀猪磨豆腐。不少家境富裕些的，在年初捉一头小猪，用一年时间养成膘肥体壮的肉猪，到年底宰杀。这时候，屠夫格外忙碌，也是一年中倍受村民们尊重的时候。在老家，我们管屠夫叫“杀猪佬”。家有年猪的，得早早与之相约，不然，他一尥蹶子就要耽误过年的大事了。

我们家没年猪可杀，磨豆腐是少不了的。磨豆腐是很苦的差事。老人们都说，世上三大苦，打铁、拉纤、磨豆腐。十里八村的也就一个豆腐作坊。我们村磨豆腐都到两里外的塘西村去。这家作坊进入腊月十八后，就开始紧张运作，日夜不停。凡来磨豆腐的都要排队。

那年，我跟着爹把用水浸泡过的黄豆和用来烧豆浆的豆秸挑到那户王姓作坊里。作坊只有两间屋，外边的用来磨豆，里边的用来烧浆点卤。排上队后，爹就关照我在那儿候着，他要回去罱泥挣工分。还有两户就要轮到我家了。我上气不接下气地跑到一条叫“斜谷沟”的河岸边，向爹传递快要轮到的信息。爹叫上我娘还有大姐，来到豆腐作坊，四人一起上阵，我和爹牵磨，我娘拗磨，大姐去灶间烧火。我的个儿不高，那磨架抵我胸口以上。我和爹得步调一致，一前一后，一上一下，一起用力。每次向前推那磨时，我都得踮起脚来用劲。牵了一会儿磨，我浑身燥热，手上的力气也没了，慢慢地放松了抓着的磨架。爹骂我道：“没用的东西，看来还得吃掉两囤米呢。”

豆磨成浆后就要滤，这活只有爹与娘来做。滤豆浆用的是一块很大的水纱布，纱布的四只角吊在用扁担绑的十字架上。娘把磨好的豆浆用铜勺舀进纱布，爹伸出有力的双手，握着扁担两只角，让那豆浆在纱布里上下左右翻滚，娘往纱布里边添水边用手搅，如此反复多次，留在纱布里的就是豆渣了。接下来就是煮豆浆。煮豆浆得干柴烈火，用的柴是干透了的豆秸，烧起来火力猛，据说只有火旺，豆浆才能达到点卤的要求，做出来的豆腐细嫩而不破，味道纯真。

终于轮到点卤了，爹将烧沸的豆浆倒进一只大荷花缸里。作坊的师傅系着围裙，戴着一副老花眼镜，左手端着装有盐卤的木勺，右手握着铜勺，一边搅着豆浆，一边将那盐卤十分均匀地倾在豆浆里。师傅看那豆浆微微发黄时，就令人把蒲团盖在缸上。点卤是最讲究的一道工艺，有的用石膏点，产量高但味苦而涩，做出来的豆腐不好吃。不少人家还是选择用盐卤。待把豆浆焐上一刻钟光景，豆浆就变成豆腐花了，师傅把豆腐花一勺一勺地舀进一个木质的躺箱里。躺箱里放着纱布，待豆腐花与躺箱的框平齐，师傅把纱布的角扎紧，上边放上锅盖，锅盖上压上磨盘，把那豆浆的水滗出来了，豆腐花就慢慢干成一大块。师傅掀开纱布，用刀划成大小均匀的小方块，豆腐就形成了。

豆腐对农家人过年确实至关重要。将它泡在水缸里，三五天换一次水，要吃就捞。豆腐就像牌桌上的“百搭”，可以与不少荤素搭配，或煎或炖或烧，一直要吃到正月完。没有豆腐这个“百搭”，要做出“十碗头”来，就难上加难了。

做“十碗头”，光有豆腐还差得很远。快到年关了，娘咬咬牙上街买了三斤半肉、两斤筒子骨。凭这三斤半肉如何做出“十碗头”来，全靠娘的手艺了。娘先是把肉切成3大块:一块精瘦些的剁成肉末,掺些面粉揉匀,做成板烧(肉丸);一块切成肉丝,作为备料,与别的菜搭配;一块放在锅里煮沸,留作祭祀,用后红烧。筒子骨呢,则是全家人吃年夜饭用的。娘会熬一大锅萝卜汤,里边放上筒子骨、豆腐和少许肉片,一家人吃得津津有味,几块骨头和肉片都放到最后,由娘分给大家。两个弟弟常常为谁的骨头上肉多肉少而拌嘴。分完了,娘留给自己的只有汤了。娘看着我们一个个打着饱嗝"年饱"了,笑得很开心。娘对爹说:"苦日子总会熬到头的,等孩子们大了,就好了,别说'十碗头',就是十五碗,二十碗也是有的。"

按照老家的风俗,村上人拜年是从大年初一开始的。初一村上拜,初二拜娘舅,初三拜丈母娘,姑姑、姨娘、伯叔往后靠。从初二开始就有亲戚上门。按照"十碗头"的标准,娘端上桌的一样不少,看上去还真的很"盛食"。红烧肉满满一大碗,肉下面是百叶或者垫上茨菰;板烧下面藏扁豆干,鸡块下面呢是面筋。光是豆腐就做出了许多花样,有油煎豆腐、豆豉烧豆腐、青菜烧豆腐、黄芽菜炖豆腐,荤的素的一起上,把桌子撑得满满当当,风风光光。

那时,上门的客人吃东西是极有讲究的,很在意吃相。红烧鸡块上立个鸡头,鸡块可吃,鸡头是不能动的。知趣的客人一般都是往素菜碗里伸筷子,荤菜碗里很少动筷。主人为了显得大方好客,总是把板烧、鸡子热情地搛给客人,而客人们往往是把这些上好的菜小心翼翼地放在碗的一边,吃完时又悄悄放回菜碗,等下一次客人上门时,娘把它恢复成原样,拿出来放在饭锅里蒸蒸,完好如初地端上桌招待新客。蒸的次数多了,那板烧、鸡子越来越小,也越来越硬整。

等到正月半过了,拜年的事也告结束,一家人早就盼望的"吃剩食"就要到来。娘会邀外婆家一起来"打扫战场"。这顿岂止是"十碗"啊,所有拜年的菜都上了,桌上的人可以放开肚皮吃,吃得连汤都不剩丁点儿。那些被端上端下、蒸来蒸去的板烧、鸡子等,个头已经很小很小,硬整得如同板栗,嚼起来很香很香。

几十年过去了,那"十碗头"嵌在牙缝里的余香至今还在梦中萦绕。不知是当下的食品菜肴出了问题,还是我的口味变刁了,无论是在乡间还是在都市,总也吃不到那让人垂涎、回味无穷的"十碗头"了。

(作者系金坛人,中国作家协会会员,曾任武警湖北总队副政委,
现任湖北省旅游局副局长)

丝棉草与“思念饼”

子　易

茅山一带，特别是罗村人，每年清明节家家户户喜欢吃一种饼子，叫丝棉草饼。

茅山脚下，自然环境优美，土壤肥沃，风调雨顺，此地生长一种别处不多见的奇特的小草——丝棉草。

丝棉草生长在梯田里、山坡上、田埂边。叶子为粉绿色，看上去白乎乎的，粉茸茸的。丝棉草的叶子长约三厘米，宽约半厘米，叶子两端钝尖，其形状酷似长形葵花籽。叶色白中透青，青中现白。拉断叶片可见粉绿色丝绒状物质。清香——是一种幽幽的青草的芬芳。因为这种小草的茎、叶皆含嫩嫩的丝状物质，因此当地人称之为丝棉草。

每到清明节前，茅山脚下几个乡镇的山区农家，几乎家家都会到田头、地头、路边去采撷丝棉草。采摘丝棉草也很讲究：拇指和食指配合，掐住丝棉草的芽头轻轻一摘，犹如采摘春茶一般。一个芽头可以带二三片嫩叶。

鲜叶摘回来以后，先用清水冲洗干净，放入石臼或瓦钵子之中，用擀面棒（或小木棍）轻轻捣烂、捣绒；再将糯米粉加入臼中，再舂；如果觉得米粉太干，丝棉草的汁液不能将米粉调和充分，此时可加进少许清水，再舂；待到草、面、水充分拌和揉合成面团时，将面团铲进小盆中。此时，面团呈暗绿色，有小草的清香，淡幽幽的清香十分诱人。

接着，起锅、打火，锅内洒点菜籽油，将面团做成洋钱大小的扁饼子，下锅油煎。用文火将饼子煎至微黄透熟，起锅。此时，一股清香四溢，能撩出人们隔代的馋涎。咬一口，唇齿生香；嚼一嚼，沁人心脾。

丝棉草清香可口，芳香入脾，能健脾、宽中、除烦、清肠胃；内含缕缕嫩丝，为最佳膳食纤维，有祛滞、排毒之功效。

大凡一种富有地方特色的民风、习俗，一种生活方式，一种民俗活动，一道菜，或一种甜点，能千百年活在当地人们心中，千百年传承不衰，这其中必然有它深刻的内涵，有它一定的文化底蕴。

茅山脚下，以罗村为轴心的山区几个集镇的“山里人”，每逢清明节都喜欢吃这种丝棉草饼，当然也有一定的道理。

其一，丝棉草早春出土，抽芽生长，至清明节前，长成棵，长成簇，叶片肥嫩，一股清香正纯，带着春阳的精华，携有春风的信息，含有春雨的灵动。真所谓“一物一道，一叶一禅”。此时，人们用此草做成饼子而食之，就像人们在清明节吃韭菜炒螺蛳、吃马兰、吃荠菜一样，是人的五脏六腑与季节的一种同步与沟通，是人的心神气血与大自然的一种互动，正所谓“让春天走进心中”。

其二，是因为这种奇草的名字，丝棉草，谐音“思念草”；丝棉饼，谐音“思念饼”。此饼之中，含有嫩丝缕缕，清香幽幽，食之情思绵绵不绝。

自古以来，清明节是扫墓祭祖的日子，是悼念亡灵的日子，是怀旧的日子。人们在清明节总是要寻找一种方式，寄托哀思。丝棉草，以及用此物做成的饼子——丝棉饼，就是人们祭祖悼亡情怀的一种依托。

其三，是此草的颜色奇特。百草皆为绿色，唯此草白色也。虽然它白中含青，青中现白，然而远远观之，它就是白色。

白色，是我们中华民族千古公认的“孝色”。白色，表示纯洁无瑕，率真坦荡，忠贞守节。送葬时孝子的孝服，是白色；清明节坟头上飘的纸钱，是白色。所谓“缟素满堂，为之孝也”。孝是中华民族的传统美德，是中华民族传统文化的重要内容。芊芊小草，难得白色，唯有丝棉草是白颜色。丝棉草，默默无闻，然而它却点出了孝道的主题。

其四，是丝棉草的内质——含有绵绵嫩丝，丝丝相连，情思不绝，取意草折丝连，表示人们牢记祖恩宗训，怀念已故的亡灵，默抒“一别阴阳成两界，此情绵绵无绝期”。

丝棉草，是生长在山区人民心中的一株奇草；丝棉饼，是一道茅山地区千百年传承不衰的、富有深厚文化内涵的美食。

（作者本名杨舜，《洮湖》杂志原副主编）

南烛叶汁胜琼脂

吕怀成

农历四月初八，在我们金坛大部分地区皆有吃乌饭之习俗。特别在西部丘陵山区，家家户户都要忙上数日。近年来，由于交通便捷，每逢乌饭节前，金坛城区几个菜市场及大统华商场皆有乌米供应，让市民尝一尝这乌米饭之清香。乍一看，这黑不溜秋的乌米饭怎敢食用？而一闻一吃，它散发出阵阵清香，好似将五脏六腑也染上了青山绿野的气息。吃在嘴里，糯而不腻；蘸上白糖，甜而不黏，令人食欲大振。据查考，此乌饭树学名南烛，是一种常绿灌木，属杜鹃花种。它的嫩叶含有丰富的维生素，有益于身体健康，是大自然赐予人类的天然营养品。据《本草纲目》记载，乌饭树叶可润颜色、益肠胃、灭三虫、补精髓、坚筋骨，常食之可改善血液循环，防止血管硬化，延缓衰老。这是一种多好的天然药膳啊！

四月初八前几日，人们赴茅山一带山区采来乌饭树嫩叶，洗净放在石臼里捣碎（用绞肉机绞碎也可），挤出乌黑汁水，再用上等白糯米（如用上指前镇生产的标糯米就更佳），将糯米飏净（不可淘洗），浸泡其中，一夜功夫即成乌黑发亮的乌米。乌汁水被糯米吸收，所剩乌水已呈淡淡蓝色，然后蒸煮食用。煮饭时水只能平于米面，不然乌饭会成为乌粥。有的农家常多浸泡些糯米，将它晒干，一颗颗黑珍珠似的可随意煮吃。端午时节，将它包成粽子——乌米粽，加上芦叶的清香，又是一番美味。煮在锅里，别说吃上它，就是闻闻也会感到心旷神怡。难怪在 20 世纪三年困难时期，粮食紧缺，有的农妇用大麦去皮浸泡南烛叶汁，还过过乌米饭瘾呢！说到吃乌饭的来历，民间还流传着目连救母一说。目连之母因遭诬告不幸下狱，目连天天送白米饭给狱中母亲。可是白米饭都被狱卒吃了，目连之母数日得不到食物，饿得骨瘦如柴。目连得知后，便用南烛叶汁将米染黑再做成乌饭送进狱中，狱卒见乌饭生怕有毒，不敢吃，结果就送到目连的母亲手里……所以南烛叶汁煮成的乌米饭既救了目连母亲一命，也成全了目连的孝心。

2012 年 3 月 21 日《扬子晚报》上载宋美龄爱吃的黑色官膳面临失传。细读之，这黑色官膳原来就是我们金坛百姓四月初八用南烛叶汁浸泡的黑色食品。不过制作有所异，花色有所变。其实只要认真研究开发，当年蒋介石、宋美龄及国民党达官贵人爱吃的黑色官膳，现今完全可以摆上我们金坛宾馆饭店之餐桌，让寻常百姓吃上这官膳。金坛市西部山区的南烛树资源丰富，常年可采摘，加上现今科学发达，冷冻技术先进，真空包装保鲜食品一年四季皆可食用。可用乌米制成八宝饭，煮八宝粥，更重要的是研究掌握叶汁的浓度来浸泡制作其他食品，开发出新的菜肴，作为金坛地方特色的一种食品。谁开发，谁制作，谁受益，谁的专利。让南烛叶汁香飘全金坛，名扬江苏，名扬全国。

（作者系文史爱好者、中学退休老师、金坛区非遗文化指前镇东浦村丝弦锣鼓主要传承人）

记忆中的堆花团子

袁苏阳

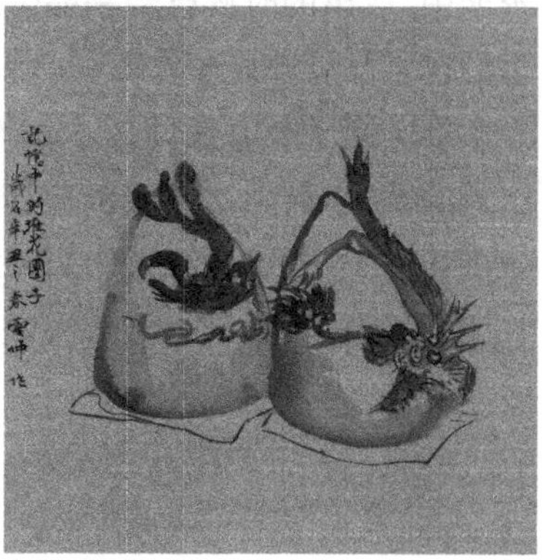

人是铁,饭是钢,一顿不吃饿得慌。从小就知道民以食为天,出生在金坛这一座江南水乡,我是幸福的。这里有咸鲜味美的绒蟹、野味鲜香的茅山老鹅、顺滑降暑的大麦粥、甜辣可口的封缸酒,还有我最爱的团子。我的记忆深处就有着这么一种团子——堆花团子。

还记得那是一年春节将至,家中忙乱异常:被窝里捂着在发酵的米酒,灶头上蒸着雪白的馒头……整个家里热气腾腾、热闹非凡的,我也凑个热闹拿着小碗往白乎乎的馒头上点上洋红,心思却飞到了大门口正在做团子的奶奶那儿。我从没见过那样的团子,五彩缤纷,姿态各异的。有盘着的龙,有成对的鸳鸯,有美丽的鲤鱼,有红艳艳的寿桃等。那时,在我眼中,奶奶就像是搓泥人的艺术家,那一个个生动的团子根本就是艺术品嘛,怎么会舍得吃呢? 可惜,那样的艺术品,我只在那一年见过,后来就再也没看到过奶奶做那样的团子。但是它却深深地刻在了我的脑海里。

为了更加了解我记忆中的团子,我特意去询问了奶奶。奶奶看见我很是开心,当我问起她,小时候见到的团子时,奶奶告诉我说:“那是堆花团子,主要是建了新房子上梁、老人家庆祝寿辰和祭拜神灵等场合会用到,不过现在已经很少见到了,会做堆花团子的人也很少了。”堆花团子的类型有很多,比如寿桃、元宝、鲤鱼、十二生肖、八仙过海、龙凤呈祥、鲤鱼跃龙门、五女拜寿、孔雀开屏等。这些作品形象逼真、布局精当、色彩鲜艳,别有一番美感,不管谁看了都忍不住欢喜。

堆花团子的制作过程一般要经过和面、揉粉、笼蒸、冷却、蘸油、造型、上色、堆花、修整,在一双巧手中搓、捏、压、点、堆和施色,最终成一个个栩栩如生的艺术品。我亲眼见过奶奶做一条盘蛇:将面粉放在盆子里,倒入适量水和面,当面粉在手的搓、捏、压扁之中变成了一个白乎乎的团团时，再向面团撒些黑芝麻末，搓捏均匀，白乎乎的面团便成了黑色的，将其搓捏成条形，揪出一小团在案板上揉成一小长条，从一端盘起，另一端则用竹片修整出蛇头的造型，然后将其放入蒸笼中，取出的时候已经是晶莹剔亮的小乌蛇了。最后再对其修整，一个栩栩如生的艺术品就产生了。

堆花团子具有民间艺术品的共性价值，也具有区别于北方面塑艺术的江南水乡的特征，被列入常州市非物质文化遗产名录。如今，奶奶已经老迈，无法再做堆花团子，我也只能在奶奶的讲述和回忆中领略这一传统美食的风采了。

（作者系《洮湖》杂志原编辑）

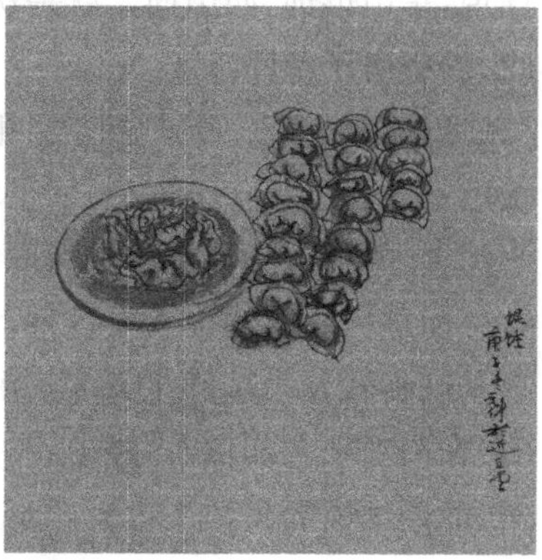

馄　　饨

许菊兰

“夏至吃馄饨，热天不疰夏”是老家的风俗。夏天的炎热会让人们的食欲减退，尤其是孩子，也就是人们说的疰夏。于是我们老家就有夏至吃碗馄饨，稳稳当当地过夏天的说法。

记得小时候，每到夏至，母亲就会一早起来上街买肉，上菜地择菜，煮一锅水烫菜，剁菜，剁肉，使劲地挤去菜汁，再加盐、味精等调料做成馅。那时候我会一直帮着母亲打下手，面皮都是手擀的，长长的擀面杖比我个头还高。母亲把面粉放进盆里，搅拌搓揉，揉成面团后，用毛巾盖着，捂半小时后，用擀面杖一点一点地擀面，面团在擀面杖下一点点地拉开、拉长、拉圆。每次母亲擀面的时候，我都会站在八仙桌旁，母亲一边擀面一边和我说，等我长大了也要会擀面，要不第一次去婆家相亲会被别人笑话的，那时我还不明白怎么回事。母亲教我擀面杖摆放的时候要顺着一个方向，移动要均匀，卷面时用力转动，如果不那样的话面皮会不均匀，有厚有薄的，也不好看。当大的面皮覆盖满桌面时，母亲会举起擀面杖，放下一半的面皮，对着光看看厚薄，看看是否均匀，约有半个铜板那么厚的时候，母亲便用擀面杖卷面，然后把面皮折叠起来，用菜刀切成段，然后一段一段地摊平垒起，再用菜刀左右斜切成梯形状的面皮。最后就是包馄饨，面皮摊在手心，用筷子夹些馅放在面皮窄的那头，然后卷起、窝起、黏合一边，馄饨就成了。

以前吃馄饨几乎要忙上半天，尤其是在20世纪七八十年代是很难得的。走亲戚如果是遇上馄饨招待，是件很荣幸的事。现在要省事多了，买肉可以直接绞成肉泥，面店里也有馄饨皮子卖。所以，现在平常的日子里也会吃馄饨，馄饨也成了家常便饭。

在我们老家有很多风俗习惯都和馄饨离不开。比如除夕，北方有吃饺子的习惯，而我们这里是吃馄饨。一家子围在一起吃碗热腾腾的馄饨，寓意一家团团圆圆、平平安安过个快乐的年。

吃馄饨是和喜庆重要事情联系在一起的。在乡下时，砌房是一件大事。俗话说：东山馄饨，西山面。就是房子砌东山墙的时候，主家会包馄饨给瓦木匠们吃，希望房子稳固坚实。

以前女方第一次去男方家相亲时，如果女方看着男方家还满意的话，女方午饭后就会留下来吃个馄饨；如果不满意，吃过午饭后就走了。如果女方肯留下来吃馄饨，男方就会让姑娘擀面皮，从擀面皮中，男方就能观察女孩子是否灵巧、麻利。面皮擀得好的会获得赞誉，女孩就会给男方家留下好印象。

结婚礼仪中馄饨也是不可缺少的。结婚那天，女方会包两筛子馄饨，做成“三朝担”。“三朝担”一般由女方的弟弟挑到男方家去。如果没有弟弟，会找表弟，或没结婚的男孩子挑。此是希望婚姻美满，一生幸福，满满两筛子装着很多个馄饨，暗指多子多孙多福。

女儿结婚有了身孕，足月临盆前几天，娘家准备一些“催生”物品。在“催生”的物品外，还会包上馄饨送给女儿，女儿在吃馄饨时，母亲会一边催着快点吃，一边唠叨着快生快养，直到女儿吃完。吃馄饨意在生养过程能够顺顺当当的，母子平平安安。

馄饨也能表达尊老的孝心。乡下一直有“六十六，吃大肉，吃馄饨六十六只，安安稳稳度晚年”的说法。父母到了 66 岁生日时，做女儿的就会买肉，包上 66 个馄饨，而 66 个馄饨要一顿吃掉。于是做女儿的会把面皮切成小小的，包上小小的馄饨，可以让父母一顿吃完。现在很多时候是一家子围在一起吃馄饨，一家子聚在一起，开开心心地为父母过个生日。

此外，家里如果有人要出差，或出远门，临行前会包上一顿馄饨，希望外出做事顺利、平安。孩子上学前也会包上馄饨，祈求学业有成。

在乡下，吃馄饨也是邻里之间相互分享的乐事。有时回家，母亲会包上馄饨，厨房里满溢着云雾，透着馄饨的鲜香，馄饨煮熟后，母亲会立刻叫我送碗热气腾腾的馄饨给左邻右舍的乡亲，让他们分享一下美食和亲情，有时，也会吃到邻居送来的馄饨。每每那时，我都能品味着馄饨飘散出的鲜美，还有那份浓浓的乡情和邻里之间的温馨。

想起馄饨，嘴角动一下，不由轻轻将口水咽下……

（作者系常州市作家协会会员、金坛区作家协会理事）

蒸出来的新年

木子昕

过年时的第一缕年味，一定是从蒸糕饼的热蒸气里开始的。

江南水乡素有吃糕饼的年俗，热闹之余，更图个好彩头。进入腊月，劳作了一年的农人们纷纷放下劳作，开始晒糯稻、扬小麦、磨米粉、换面粉，又翻出蒸笼、糕箱和大小笼屉布，洗刷，晾晒，直等着挑一个合宜的日子开“蒸”。在农家，蒸糕饼是一年一度的大事，至今仍然恪守旧制，讲究细揉大火蒸。

每逢蒸糕饼的时候，家中的大人们都带着孩子去农村亲戚家蒸馒头做点心，沾沾这新年的第一缕喜气，这也是我童年最开心的时候。如今已十几年过去了，我仍记忆犹新。每年的这天，都要起大早，趁着热锅热灶，连着一起蒸，这一天也就没别的东西吃了，能填饱肚子的也就是锅里的馒头了。俗话说得好：饼好七分面，和面才是关键。和面靠的是体力，这一般就是由家里身强力壮的男劳力完成，手里不能歇息，用力又要均匀，一大盘面揉下来，寒冷的冬天，穿着单衣却也汗流浃背，跟着打下手的人也得有好眼力，这个重要的角色一直是姥姥担任的，似乎只有她知道什么时候该往面里添水，才能揉出劲道十足的面来。当然，和面也是非常有讲究的，它需要碱水，碱水多了，蒸出来的馒头就会呈出一种淡淡的黄色，看起来不大舒服；碱水少了，面的酸味除不尽，口感又不佳。等到一个个小面团捏好后，码上一排排整齐的笼布，再用一层层的笼屉摞上去，送去大锅上蒸，剩下的就看烧火人的功夫了。在冬天，烧火亦是件美差事，大人们都会交给我们这些孩子完成。灶膛口，一股股暖暖的空气直扑我的面颊，又直贴我的心上。可以暖手，还能偷着闲儿在灶膛里烤山芋吃。尽管我长大后在城里吃过那么多的烤山芋，却总少了儿时家乡灶膛边的味道，甜甜的，暖暖的。烧火，那也是有很大讲究的，火要烧得均匀，缓急有度，眼力也要相当好，一不留神火太旺就会烧得一脸灰。蒸的时候笼屉不能开一丝缝，免得漏了气，一定要一气呵成，这样蒸出来的馒头才松软爽口。

馒头蒸好后，我们这些小孩子最喜欢的，除了尽情地尝鲜儿，便是争先恐后地给新出笼的馒头“点红”了。用筷子或牙签蘸点儿红水，仔仔细细地在每个热腾腾的馒头上面留下一个豆大的印记，那白花花的馒头上正因为有了这一点儿红，才显得更加有年味，更加喜庆。喜是俗世里的好，是馒头上的那点红，透着欢快，透着喜欢，有情、有义、有爱、有温暖……

（作者系金坛人，自由职业）

暗　　香

景迎芳

想写一篇乌米饭的文章，落笔前，却不自觉地想到了两个字——暗香。

暗香是一种颜色，它不是明亮的，也不是五颜六色的，它只是低调地在某个角落发着暗暗的、素素的、幽幽的光；暗香是一种味道，它不是明朗的，也不是沁人肺腑的，它需要调动嗅觉轻轻地凑上去慢慢地品到、悟到！

这就是乌米饭的味道！在我童年至今的漫漫回忆里，充斥着这暗香的味道，这味道，把我的日子拉得悠长悠长，又让回味变得很美很美。

老家在茅山脚下，大山孕育着一方百姓，也孕育着百草山林。四五岁起，我便和村上的小伙伴结伴上山，春天拔茅针、采蘑菇；夏天捉知了、打鸟雀；秋天扒松毛、摘野果；冬天踏白雪、追野兔。而无穷的童年乐趣里，最让我难忘的事就是采乌草！

每年的四月初八，是吃乌饭的日子。这一天，山里人家家户户都要吃乌饭。父母都是山里人，在我的记忆里，从早到晚，一年到头，他们永远像一个不会停止的闹钟一样，一刻也不得闲。因此，一年一次采乌草的任务就很自然地落到我们孩子的身上。

清早，拎着小竹篮，约上好朋友雪芹、静花，沐着刚刚升起的朝阳，踩着露珠，我们出发了。乌草就长在后山的半山腰上，叶子有点像长开了的茶叶。采乌草是不用带工具的，既不用连根拔起，也不用镰刀割枝条，而是用手抹，采摘时，只需用一只手固定住枝尾，另一只手轻轻地顺着茎一抹，叶子便像开了的花一样全窝在手心里。

静花大我们两岁，眼尖手快，做什么事都抢在我和雪芹前面，采蘑菇时，她采了十几个时，我们才采了三四个；拔茅针时，她的篮子永远都是塞得最多最重的。

这次采乌草也不例外，刚刚一路上还欢声笑语，可一到了山坡上，静花便立即停止了说笑，只见她高高拎起小竹篮在灌木丛中左右腾挪、身轻如燕！手里抹着这一棵，眼睛早已看着那一棵。不到一刻钟的工夫，就采了满满当当一竹篮。

鞋被露水沾湿了，裤腿也湿了，我们的小手也沾上了乌草汁，用小指肚在额头上轻轻一点，一人多了一颗美人痣！我们大叫着"美吧美吧"，想着中午香喷喷的乌米饭，一路飞奔着回家！

村上没几个像样的石臼，我家的石臼还是太公传下的。一年的大部分时间里，它都安静地待在屋檐下，等灰尘等雨滴，等我们小朋友们过家家、做游戏。可这一天，石臼很忙！一大早，村里的石臼都忙起来了！我家的也不例外，妈几天前就把石臼洗净晾干，等着邻里左右到我家来舂乌草。待我们到家时，张伯、李婶早已在家门口边说着闲话，边等着王大爷舂乌草呢。

妈接过竹篮，将老叶拣出，麻利地到老屋旁的小河边将乌草洗净，搁在井边上晾水。待张伯、李婶舂完叶子后，便将它们一股脑儿倒进石臼捣碎，将汁水取出，沥出杂质后倒进锅里稍煮，然后将洗净的糯米浸入锅内，大半个小时后捞出上锅蒸煮。这蒸和煮的味道有些区别，蒸出的乌饭稍硬，但味更香更有嚼头，煮的乌饭更黏糯些，奶奶最喜欢这个味道。因此，妈每年都是蒸一半煮一半，蒸的给爸妈和我们吃，煮的给奶奶吃。

于是，每年的那一天，全村的妇女们都在忙着做乌饭，全村的空气里都飘着乌汁浸过后煮出的米饭的暗香。

小时候常常奇怪，这长在山坡上的嫩嫩绿绿的乌叶，为什么捣碎了后就变成了乌黑乌黑的汁水，还散发着淡淡的特别的香味，难道是石臼施了魔法？后来我宁愿相信，是天使施的魔法。在那个吃一颗糖都觉得很幸福很奢侈的年代，在我们不知道白米饭还可以变成黑米饭的童年，是天使给了我们不一样的颜色和味道。这颜色和味道虽不浓烈、虽不鲜艳，但足以让我们每个孩子畅想、等待！在每年的春天，在我们吃了今天的乌米饭后，我们愿意静静地等待来年的那一抹暗香。

（作者系金坛人，现供职于金坛太平洋保险公司）

舌尖上的“私奔”

蒋建君

金风送喜来，紫荆花已开。金坛自《湖里藏鲜、酒糟醉鱼》和《芋香芹嫩、蟹领群鲜》在中央电视台二套播出后，新年伊始喜讯频传，“长荡湖八鲜宴”被中国烹饪协会授予“中国名宴”称号，儒林镇被授予“江苏湖鲜美食名镇”称号，同时由园林大酒店选送的厨师朱瑞宾等10人被授予“江苏名厨”称号，其中朱瑞宾还从400人中脱颖而出，被省总工会授予“江苏省五一创新能手”称号。

说到美食，就想到舌尖上的“私奔”。对于美食的向往，是人与生俱有的一种生理本能。正如美国心理学家马斯洛所言，人生的五大需求，生理需求是首位。当充满体温与乳香的乳头，塞进嘴巴的那一刻，那一张一翕的小嘴就尽情地享受着人生第一道大餐，开始了品味酸、甜、苦、辣的漫长人生之路。美食来源于大自然，需要去发现、挖掘和加工。美食的品味，靠的是舌尖上的味蕾。而人类对于味蕾的挑战，是从新石器时代开始的。人工取火的发明，向人类充分展示和证明，美食革命伴随着人类社会的发展而发展。因为美食是大自然对人类的一种恩赐，是人类文化与文明的一种传承与变革，也是一种时间的记忆，一种厨房的交响曲，一种水与火的艺术。

舌尖上的“私奔”，是对美食的一种向往与品味。民以食为天，享受美味是人生的权利。自古以来，金坛人也擅长于舌尖上“私奔”。中华人民共和国成立之初，金坛仅有“开一天”等几家饮食店，可如今宾馆与酒店遍地开花，并在食谱上做起了文章，服务上赛起了水平，这无形中促进了饮食业发展。金坛的美食，向来是打着不同时代的“烙印”。即便六七十年代吃“三两八钱”的日子，每到春节家家户户也都要变着法子拿出“十碗头”。“蟹黄包”是老字号“开一天”的招牌，而“新字号”园林大酒店，无论从原先的虹桥路，还是到如今的华城路都一路火爆，在菜的品质、价格、服务等方面，为金坛饮食业发展树立了标杆。同时，园林大酒店为杜绝地沟油，与新加坡金龙鱼企业签订供货协议，并多次联合各餐饮企业发出杜绝使用地沟油、杜绝使用食品添加剂等倡议，领航金坛饮食业的发展。

对于味蕾的挑战，其实是大厨间的PK赛。美食的创新，是推进地方饮食业发展的重要举措。近年来，金坛市连续成功举办多届长荡湖湖鲜烹饪大赛，能工巧匠的厨师把“乌龙叠翠”“南洲渔笛”“白龙澄碧”“北渚莲舟”“洮湖夜月”“四平夕照”“三峰晓云”等美景与美食融为一体，又把美食与文化融为一体，不仅反映了金坛的山水风貌，更反映出金坛小康建设的伟大成就。美食的发展，对于美食家而言也是一次契机。记得儿时农村“红白案”大厨，最擅长以猪杂为主料，用辣椒和大蒜炒猪心、炒猪肝、炒猪肚，还有红烧大肠、红烧排骨、红烧猪蹄等，这些目前仍然是农村酒宴的“当家菜”。随着饮食业发展，地方菜逐渐被“同城化”，鲁、川、浙、粤菜系大势进军金坛。尤其是川菜，近年来完全融入金坛地方菜系，辣味既没有川菜那么浓厚，而又无辣不成席且辣到好处。各大菜系也融入金坛，因地制宜地制作出不同风味的地方特色菜。就连最小的螺蛳肉，园林大酒店假以韭菜与汤糊等，也使其成为一道“忆苦思甜”的回味菜而倍受食客喜爱。即使一条小小的鳜鱼，园林大酒店也能做出各种式样来。最常见的有清蒸，然后是糖醋，如今又推出了滋补鳜鱼汤。红烧肉作为一道功夫菜，现在也有许多不同的做法，有啤酒焖肉、封缸酒焖肉和梅菜扣肉等，因入口即化且肥而不腻，倍受欢迎。亲手制作美食，也是一大幸事。周末无事，我也学来两招，鲜活鳜鱼去骨切片，锅中加少许油，将鱼骨放入煎至发黄后加适量开水，加盖焖制15分钟。我又将蟹味菇、白玉菇、豆尖过开水焯一下捞出，鱼汤煮好后滤出骨头倒入锅中，再加入蟹味菇、白玉菇和豆尖，放入盐、胡椒粉、花雕酒等，最后加入鱼片、香菜及味精等出锅，一大盆汤色奶白的营养滋补品就摆在了眼前。

长荡出湖鲜，美食在金坛。美食来源于优质食材，金坛不同方位有着不同的美食食材，而且已成为地方特色农业的一张名片。薛埠的畜牧业以无公害生产而著名，因而吸引许多人到茅山品“山珍野味”。价廉物美的春笋备受欢迎，蚌肉、豆腐烩春笋成为一道地道的家乡菜。在享受春笋天然生态的粗纤维时，使人想起苏东坡的一首诗：“无肉令人瘦，无竹令人俗。”若要不俗与不瘦，除非天天笋烧肉。因此，老笋便成为茅山老鹅的“最佳搭档”。冬天涮羊肉在金坛遍地开花，近年来直溪、尧塘、河头等地的羊汤声名鹊起。长荡湖大闸蟹远销日本等国家，因而有了“墙内开花墙外红”之称，金坛成为“中华绒螯蟹之乡”。对于品尝大闸蟹，也形成了一食脐、二食盖、三食砣、四食足、五食螯足等一套固有程序，最后是“敖封嫩玉双双满”，曲终美味留人忆。儒林镇因为有了“湖八鲜”而闻名遐迩，指前镇的河虾、螃蟹等远销日本和韩国等国家，长荡湖水产品成为金坛的一张生态名片，金城镇的食用菌成为许多美食必不可少的搭档与伴侣。由猪肝、肉条、油豆腐、嫩笋和猪小肠制作成的扎肠，成为指前百姓招待宾客的当家菜。朱林的无节水芹以脆、嫩和有机生产而走上餐桌，并列入日韩等美食家的菜谱。直溪镇的红香芋，因为原生态种植而走上餐桌，成为“大丰收”里必不可少的组成部分。由此可见，美食不仅完全融入百姓生活，更与生态、旅游、创新与文化等融为一体。正如著名学者、作家余秋雨所言：“美食要善于发现和创新，美食文化就是一种加工的过程。”

制作美食，是一种创作的过程；品味美食，是一种享受的过程；创新美食，是一种文化的传承。作为一名新闻工作者，我有责任与义务宣传和发扬金坛的美食文化，助推金坛市服务业和旅游业的发展。

（作者系江苏省报告文学学会会员、常州市作家协会会员，现供职于金坛区融媒体中心）

咸糊汤

诸葛佩圣

每当想起咸糊汤，顿觉精神一振，满口生津，馋涎欲滴。咸糊汤为何食物？就是先将河里的螺蛳煮熟，用针挑出螺蛳肉，洗干净，将面粉放在冷水里搅匀，成稀稠状，然后锅里加水烧开，滚滚的开水里倒入稀稠状的面糊，使之成为很稀的面粉糊糊，再将切碎的韭菜和煮熟的螺蛳肉倒入锅内，放上油、盐、酱、醋，一锅鲜美的咸糊汤就做成了。如果再加点味精、胡椒粉则味道更佳。我们儒林人称这种食物为咸糊汤，不知其他地方叫何名称。

咸糊汤既是主食又是菜肴的汤类，虽然上不了酒筵的大桌，但它却是小家碧玉，人人喜欢。

小时候大家都穷，衣不蔽体，食不果腹。人们为了节约粮食，改善伙食，创造发明了咸糊汤，既可饱腹，又有味道。如今大家都富裕了，各种蔬菜、粮食、肉类应有尽有，不是菜不够吃，而是不敢多吃，怕吃坏了身体，怕吃出了“三高”，且不管什么好菜，吃在嘴里总觉得味道不怎么样，吊不起胃口，但是咸糊汤却魅力不减当年。

以前贫困是以咸糊汤充饥，如今大鱼大肉嫌无味，反而更青睐咸糊汤，可能是人类反璞归真，大自然的回归现象吧。

咸糊汤如今是否真如此受欢迎？前几日一桌朋友在园林大酒店聚餐，用餐过程中兴致勃勃地议论哪样菜烧得不错，哪样菜味道欠佳。可当最后一盆大汤上来，大家一喝，顿觉一惊，久违的特殊鲜味，紧接着碗碟叮当，一大盆汤忽地精光，这是什么汤？园林大酒店真会做生意，原来是小时候喝惯了的咸糊汤。咸糊汤重出江湖，让中老年人怀旧，让青少年、儿童尝鲜，它是金坛民间饮食文化大花园里的一朵奇葩，必将永远盛开下去。

（作者系常州市作家协会会员、金坛区文化局退休干部）

粉在喉底的至味

蔡桂林

斜背着布兜，里面盛装些因浸泡而变得肥胖起来的蚕豆，牵着姆妈（母亲）的衣襟，挪步于田间小埂。眼前是收割完铺天盖地的稻子的空旷，土地被翻耕过来，播上了小麦。正是稻子、麦子两位植物姊妹在肥沃的土地上深情交接的时节，姆妈长着厚茧的手握着铁锹，往田埂一侧边沿有力地一插，铁锹半截插入金秋的泥土，再轻轻往前一扳，土埂上便有了一道不深不浅的缝隙，我从布兜里捏出三两粒蚕豆种子投入，姆妈接后抽出铁锹，用锹背一拍，土埂上的缝隙闭合了，种子被拍入了泥土里。

拍入泥土的不只有种子，还有我的心思。那时的年纪不知道蚕豆喜欢冷凉，整整一个冬天总牵挂着它们的安好。春回大地，天麻麻亮，我翻身起床，汲一小桶升腾着晨雾的河水，摇摇晃晃地走向种下豆子的那条田埂，地上溅着一线，裤管上溅着数点，一处一处浇灌它们。水入春土，响起丝丝滋滋的声音，以为是清晨无边的寂静中大地和匀的呼吸，是泥土里种子的微弱气息。

田野里麦子返青了，三两根蝌蚪状白绿根茎在我天天的瞩目中拱出了土埂地面，折射着晨曦，在阳光中闪动。接着它们拔节枝干，舒展绿叶，摇曳春风，长成了一束繁茂。不注意间，它们在茎叶衔接处盛放出白紫色繁花，素朴、恬淡，含着并不远人的清纯，如一簇笑容。又是在不注意间，花开处鼓起一道荚，越鼓越长，越长越饱满，将白紫色的花朵不断地鼓向长荚的顶端。花，在这里渐渐枯萎，终成被火燎过般焦黑的残骸，最后在一袭朦胧的月光中和着夜风安详脱落，完成了它孕育新一茬生命的使命。

清晨，裤腿挽至膝盖的嗲嗲（父亲）巡田回来，手里拎着用鲜嫩的柳条穿住嘴的两条金鱼（鲫鱼），满脸的皱纹里洋溢着喜悦，对他姆妈、我唛唛（祖母）说："路过舍田桥过河扳罾，老洪（嗲嗲的朋友）让我扳一网，有鱼就送我。我扳起，有两条。炖汤吧。"末了，又大方地加了一句："加点蚕豆米子。"说嗲嗲"大方"，是农家从不肯在蚕豆没有完全成熟、爆出豆荚前食用它们，太奢侈，太浪费。

照着嗲嗲的吩咐，我颠着去田埂拔起一棵将熟未熟的蚕豆，也是拔起我和姆妈去年深秋的辛勤。摘下豆荚，剥开，去皮，再自中间一捻，原本抱合的蚕豆便分出了两瓣，每瓣都似翘起的拇指甲盖，青绿里含着润润、嫩嫩的泛白光泽，大自然的美妙清清晰晰地呈现。唛唛已经将鲫鱼刮鳞、去鳃、除脏、洗净、控干。热锅凉油，鲫鱼"哧"的一声入锅，煎至两面金黄，加开水，放入豆瓣，再加几个草把子便将汤汁沸成了奶白色。

唛唛揭开散发着松木香气的锅盖，一边将一把青翠的香葱末撒入，一边絮叨着她的做菜"经"："鱼不蒜，羊不姜。"我问："唛唛，啥意思？"唛唛答："做鱼不放蒜，做羊肉不放姜。"我追问："啥说法？"唛唛简洁地告诉我两个字："盖味。"我再追问："为什么？"唛唛说："我也不晓得为什么，上代传下世，记住就行。"

中午饭有鲫鱼汤，啜一口，香鲜在嘴里上蹿下跳，上跳至头皮，回味无穷。汤中的豆瓣，微甜，青涩，妙不可言。先用舌尖将它顶在上马壳子（上颌）上，再用点力一碾，独有的粉粉的清香便会洇开，奢侈地弥漫在唇齿间，接着，香气香味一点一点下沉，沉向喉底，久久地粉在那里，美妙在那里……

着凉了？抑或是吃了什么不洁的东西，我有些拉肚子。唛唛听闻，一脸焦急，慌忙地提起竹篮直奔前水墩，从那里的自留地里剜回叶茎鲜嫩的红苋菜，洗净，又剥了一头白白胖胖饱满的新蒜，舀一瓢清水放到铁锅里，生火煮沸，将苋菜、蒜瓣一并汆入，撒上盐花。中午的饭桌子上便有了红汤苋菜，美美的。唛唛掐着我的耳朵嘱咐："多吃，连汤吃。"也就这一顿，我的腹泻真的就止住了。

我叹着苋菜神奇。相传，楚汉相争时，刘邦被项羽围困在河南荥阳。时值盛夏酷暑，断粮断水的刘军饥不择食，吃下了死猫烂耗子，结果，痢疾在军中横行，军队丧失了战斗力。军中无药，士兵们一个接一个倒下，急得刘邦团团转。一老伙夫见此情景，立即采来一大筐苋菜，煮成汤给刘邦的卫士喝下。奇迹出现了：卫士们的痢疾好了，个个精神十足，拥着刘邦突围而去。刘邦大呼："赤苋，乃兴我汉家天下之菜也！"从此，赤苋有了"汉菜"的名字。不识字的唛唛不晓得这些，只是口授心传得来苋菜的效用。也就从这一顿起，我对苋菜，特别是红苋菜情有独钟，米饭、苋菜汤、猪板油拌在一起，成为不可磨灭的家乡味道。"菹有秋菰白，羹惟野苋红"，陆游也喜欢这"自然红"。不过，我的喜欢不只是在舌尖上，更是在生命根部。

清明蔬菜两头鲜。春分到时，穷家也会千方百计地吃一顿馄饨。姆妈展开腰间卷了又卷的小布卷，从里面抽出皱皱巴巴的几角毛票，指派大姐到半拉桥（小集市的名字，因面对的河面上的木桥永远缺几块板而得名）割肉，哆哆搬出榆木菜墩到码头的河水里洗去浮尘。这是家中的餐饮重装备，用到它，不是逢年过节，就是一顿大餐。唛唛把割回的一坨肉按在菜墩上，切碎，再挥起两把刚在砂石上荡过的菜刀，左右开弓，一上一下，飞快地剁起。有节奏的声响传出老远，整个村庄的人们都会竖起耳朵细辨声音的方位，在心底默问一句"这是哪一家?"叮叮梆梆剁出了一村人想象的口涎。

拿起汤匙舀起热气腾腾的一只馄饨送到嘴里，惊喜地叫出声来："哦，霞菜的!"姆妈必定会满是惬意地回应："你嘴厉害，一下就吃出来！这是我在老屋檐下挑来的。"

热烫的霞菜馄饨在嘴里嘶嘶啦啦地一番左右翻滚，才降温至得以下牙咀嚼的程度，心被烫得美滋滋的。霞菜，也就是乡人嘴里的"荠菜"，也有"霁菜"的叫法。"霁"与"霞"同从"雨"部，证明它与天气息息相关，紧随物候，雨雪后得霁而生，"得霁"，就是天气放晴，也许会霞光满天，与被冻得紫红的荠菜相映成趣，荠菜就像做客大地的朵朵彩霞，根茎也泛霞色，也就有了"霞菜"的美名。

霞菜，不需要农人劳心劳力地种植栽培，是野菜，它的种子总是神奇地包藏在你根本无法知道的某块泥土里，被惊蛰唤醒，被雨露滋润，被春风吹拂，沐浴阳光，星星点点，缀上平原的沃野，"惟荠天所赐，青青被陵冈。"（陆游《食荠十韵》）你找它，它在；你不找它，它自在。用霞菜包馄饨是农人向春天致敬的隆重仪典，而素拌，则是对霞菜美味的礼赞。将霞菜从紧贴地皮的地方挑起，洗净，倒进瓷盆，撒上盐花，轻轻搓揉，挤掉水分，然后拌入葱、姜、蒜、末，撒上些许白糖，点上直溪镇油坊古法炮制的黑芝麻油，关键是舀上几勺冬至开始唛唛晾晒装缸、饱吸冬阳的秘制酱油。可以了，这就可以了。《舌尖上的中国》说高档的食材往往不需要复杂的烹饪，其实，原生态的食材别说不需要复杂的烹饪，甚至连烹饪本身都不需要。揭开扣在瓷盆上的木盖，夹一块素拌霞菜入口，慢品，也就品到了春天阳光雨露的精妙。我不喜只夹一点，总是筷子和膀子一块伸直，薅河草似的从盆里搅起满满一筷，塞入嘴中，鼓圆腮帮子，嚼，有包裹不住的汁液从嘴角溢出，那是结结实实的快乐。这样的一嘴霞菜咽下，再闭眼静静地体会，你会觉得那滋味像潮水，先是涨满满满一嘴，然后，自唇、齿、舌尖向后退潮，退过舌根，在喉底停住，在这里徘徊、萦绕、回荡，久久不去。舌尖上的美味只是短暂的华彩，抵不过喉底的厚重、绵长。美味恒久远，喉底永流传。

此后，我入伍离开了直溪镇舍田村，在部队从事宣传文化工作 40 余年，到过中国百分之九十的城市、百分之七十的建制县，见识南北大菜，品及东西美食，问至中部珍味。然而，纵使走过千里万里，纵使尝过千馐万肴，记住的终是粉在喉底的家乡至味，午夜梦回，泛至嘴边吧唧吧唧被一次次品咂的唯有这至味，实在是这味道里有赤纯的生命高汤打底，饱含着浓得化不开的恩情。

（作者系金坛直溪镇舍田村人，著名军旅作家。1978 年 12 月入伍，2020 年 12 月在武警部队退休，从军四十二年，职业军人）